强者思维

陈宇 著

九州出版社
JIUZHOUPRESS

图书在版编目（CIP）数据

强者思维 / 陈宇著. -- 北京 ：九州出版社，
2023.8（2025.9重印）

ISBN 978-7-5225-2005-6

Ⅰ．①强… Ⅱ．①陈… Ⅲ．①思维方法
Ⅳ.①B804

中国国家版本馆CIP数据核字（2023）第132003号

强者思维

作　　者　陈　宇　著

责任编辑　陈春玲

出版发行　九州出版社

地　　址　北京市西城区阜外大街甲35号（100037）

发行电话　（010）68992190/2/3/5/6

网　　址　www.jiuzhoupress.com

印　　刷　河北鹏润印刷有限公司

开　　本　880毫米×1230毫米　32开

印　　张　8

字　　数　130千字

版　　次　2023年9月第1版

印　　次　2025年9月第7次印刷

书　　号　ISBN 978-7-5225-2005-6

定　　价　59.00元

序
有价值的错误

可能你会好奇，标题为什么要叫"有价值的错误"，因为客观来说，这个世界上似乎没有人能提供真理，所以这本书里的所有观点都不应该被认为是完全正确的。它们存在的意义，仅仅是为你带来一些不一样的感受，提供一些不一样的视角，引发一些不一样的思考。

一本书最有价值的部分，绝不是那些看似无可辩驳的逻辑自洽，更不是那些情绪共鸣带来的醍醐灌顶、击节赞叹，而是字里行间流动的强烈的理性直觉和对思想的审美能力。

作为作者，或者说表达者，我始终都坚信一点：我所表达的东西，只是历史通过我的经历注入我的灵魂，驱使我的直觉，借用我的笔来转达给世界。

那些被安排看到这些文字、记住这些文字、咀嚼这些文字的人，才是这颗种子真正的土壤和养分，是他们把这残破的信号破译出来，让种子长成参天大树。

不是那个邮差。

目录

part 1　**关于信念**
意志是生命的蓝图，前进是唯一的退路

part 2 关于改变
松开双手，反而能抓住更多

part 3 自我疗愈
一切心理问题的解决方案：活在当下

part 4 关于真相

洞悉人性，方能一通百通，一身兼万法

part 5 关于财富
人是一切价值的尺度

part 1

关于信念

意志是生命的蓝图，前进是唯一的退路

自律的本质

所有近乎残忍的坚持，背后都隐藏着近乎疯狂的欲望。战胜欲望的，永远只有更高级的欲望。不自律的人，仅仅是因为他对更大的欲望，一无所知。

你说自己不够自律，半夜管不住嘴，坚持不了健身和学习，如果现在有人跟你签合同，坚持一年给你一个亿，你瞬间就可以获得"自律的能力"。自律的本质，是为了追求更深层次的欲望。自律不是手段，也不是什么个人特质，它只是人在追求深层欲望的时候，呈现出来的一种外在状态。

为了更大的欲望去克制小欲望，是人的本能。但为什么你明明知道哪些事能让自己变得更好，就是坚持不了？真相是，你根本不知道，"知到极处便是行"，做不到，就是不知道。

你只是听说，健身能让自己健康，身材变好，听说坚持学习能让自己变优秀。但健康、身材好、优秀，这些概念都太抽象，没经历过，你根本感受不到自己重病缠身，起不来床的那种无望，感受不到被女神仰慕的那种多巴胺冲顶，感受不到那些瞧不起你的人向你卑躬屈膝的时候，你大脑里喷涌的内啡肽。只有亲身体会过那些抽象的好，才能具象化那种炽烈的欲望，才能渗进你的每个毛孔，成为你的血肉，让你死盯目标，不顾一切。让你观察这个世界的角度，从仰视到平视再到俯视，最终无视眼前的一切小欲望，成为别人口中那个极度自律的人。而你清楚地知道，自己只是在追求一个更大的欲望。

尼采说，如果你知道自己为什么而活，就能忍受任何一种生活。我习惯在引用这句话的时候，把忍受改成享受，因为只要你在忍受，就默认了存在一个无法忍受的临界点。为什么我从来不提延迟满足？因为延迟满足反人性，它强调的是忍受。真正的自律不是忍受，不是压制欲望，而是被更大的欲望吸引，权衡利弊，战略性舍弃，低权重欲望，享受这种离目标越来越近的快感。

比如你健身的时候，面对甜品的诱惑，你告诉自己："我要自律，不能放纵。"这就是在压制欲望，意志力一用完，就会暴饮暴食。如果你真的体会过这个社会对高颜值、好身材人群的善意和偏爱，也感受过听到"你是个好人"时的酸楚和无奈，就会发自内心地想要放下眼前这块甜品——糖油混合物。这种放下不是克制，而是类似于放下屠刀，立地成佛的解脱，是享受那种猎人逐渐接近猎物的快感。

看穿一个人，本质就是看穿一个人的欲望。有些人的行为看似不合逻辑，只是因为你没看到他的欲望。如果一个人不追求眼前的欲望，他必然藏着更大的欲望。"胸有惊雷而面如平湖者，可拜上将军。""惊雷"就是更深更大的欲望，"面如平湖"就是对眼前小欲望的无视。汉初三杰，韩信被夷三族，张良归隐山林，只有萧何贪财自污，换来了世代富贵。刻意自污，就是为了表明，自己没有更大的欲望，用名节换取信任。

《道德经》第八章，"上善若水，水善利万物而不争"，算是老一辈人的专用签名，意思是说人应该像水一样柔软，永远停在最低处，滋养万物而不争。但第二十二章又说，"夫唯不争，故天下莫能与之争"。不争的目的，老子点到为止。《中庸》说透了"水低成海，人低成王"。上善若水的深层动机，是为了成海，利万物只是成海过程中的"举手之劳"。无为而为，不争而争。不争，是为了大争。

而极致的欲望都蕴含着极高的能量，很不稳定，它还需要一个坚硬的外壳，这个外壳，叫相信。这个世界没有人能比你更支持你自己，你的家人爱人、亲戚朋友，每个人都是独立的个体。如果一件事你自己都不相信自己能做到，你又凭什么做到？

当一个人拥有极致的欲望和近乎偏执的自信，就必然会在日常生活中显得无欲无求，极度自律。因为一切对目标没有帮助的事，对他来说都毫无意义。在外人看来，他表现出的状态是无为和不争。其实，他每一个毛孔都渗透着欲望。

你无法理解一个不吃甜食、坚持健身、坚持学习、戒烟戒酒的人，活着有什么乐趣，只是因为你不了解这些改变能为你带来什么。燕雀安知鸿鹄之志，有些事情在你看来只是梦想，只是酒后的谈资和做梦的素材，对他来说却是刚需，他可以几年甚至几十年长期聚焦一个目标，重剑无锋，大巧不工，所有的方法论在极致的内驱力面前，都是花里胡哨，一力降十会。决定你未来人生走向的因素很多，但权重最大的那个，一定是"疯狂的欲望"和"偏执的自信"，这两样东西合起来，就叫作信念。

坚持的本质

为什么有的人可以长期坚持做一件事，而有的人总是三分钟热度，半途而废？因为坚持的本质，是"屏蔽失望"。从逻辑上来说，只要你做的这件事，有可能令你感到"失望"，你就必然会放弃。

丢了个期待已久的单子，好失望，不干了；跑了一个月步没瘦多少，好失望，不跑了；写了一篇文章别人都不喜欢，好失望，不写了。只要一个人是这样的思维逻辑，无论做什么事，最终的结局都必定是放弃。因为这些让人失望的事迟早会来，而且通常会早于或大于你的心理预期接二连三地来。不顺利、失望了就要放弃，是一种毫无逻辑的信念。事情顺不顺利，只影响做事的策略和节奏，而要不要继续做一件事只取决于一点，那就是你想不想做。

什么样的人才能真正坚持做成一件事？是永远不会失望的人。坦然接受一切不确定性带来的世界线扰动[1]，对事物的曲折性和复杂性从不心存任何侥幸，从不预期有什么事情不会发生，从不笃定有什么灾难不会降临，直接从逻辑上消灭了失望的一切触发条件的人。丢单了不失望、跑步没效果不失望、用心写的东西没人看也不失望，即使明天就要被押上断头台，也不失望。成败利钝在所不计，生死荣辱置之度外，不死不休，死亦不休。

一个人如果没有这样的觉悟，就永远不可能真正做成一件事，因为从一开始，他就走向了一个必然会放弃的终局。在真正意识到这一点之前，一切表面上的"坚持不懈"，都不过是暂时的一帆风顺带来的情绪幻觉，一种廉价的自我感动，一份无谓的自我慰藉，一堵岌岌可危、摇摇欲坠、随时都可能倒向自己的墙。

1　假设世界上所有的事件是一根线，那些不可预测的突发事件就会导致这根线来回变化，这就是"世界线扰动"。

一点侥幸就兴高采烈，一点挫折就如丧考妣。大部分能量都用在迎接这些喜怒哀乐的神经冲击，修复情绪和调整心理状态上了。在"希望"和"绝望"之间反复横跳，试问一辈子能有多长？一个人又能玩几个来回？真正的世界线是由那些从不心存侥幸的人来刻画的，而那些流浪的、乞讨的，一天到晚提心吊胆患得患失，看风向紧就跑、看势头旺就来的人，注定一生悬命，无枝可依。

从逻辑上来说，你不论是做生意、交朋友，还是结婚，都不应该跟随这种永恒的投机者，因为他明天在哪儿不取决于他自己，而是取决于薛定谔的猫，取决于任何微不足道的风吹草动。他们答应你的任何事情、任何承诺，根本没有任何价值，因为他们是否会守约，同样不取决于他们自己，而是取决于一切不知道什么时候就会出现的偶然变数。

带着这层思考，再去默默观察身边的人，你就会发现：到底谁是磐石、谁是蒲草，你要成为谁、要靠近谁、要远离谁。所谓的向上社交，实际上就是发现并靠近这些从不心存侥幸的人，远离那些见风使舵、脆弱成性的人。前者是注定要在这个世界竖旗、立寨、开山，为这个世界提供港湾和归宿的人，他们很难视后者为同类，生活中他们对后者的尊重只是出于礼节，但尊敬是不可能的。而尊重只是一种大量免费供应的社会基本品，尊敬才有实际的价值。

想要获得他们的尊敬，唯一的办法，就是成为他们的同类。自古以来，都是英雄相惜。同类之间是可以互相感知的，权倾朝野的曹操，完全感觉到了眼前这个寄人篱下、灰头土脸，三十多岁还一事无成的刘备，跟自己一样是个英雄。

什么样的人才是英雄？"夫英雄者，胸怀大志，腹有良谋，有包藏宇宙之机，吞吐天地之志者也。"英雄，就是不会失望的人，他们只会一条道走到黑，然后，再走到亮。

基因的阴谋

《寿康宝鉴》里有一句话："色是少年第一关，此关不过，任高才绝学，都无受用。"

很多人，特别是男人，从十几岁开始，终其一生都活在性的驱动之下。这种来自基因的驱使，每分每秒都在灼烧他的内心、操控他的行为。就像实验室里打了兴奋剂的小白鼠，在多巴胺的操控下，拼命踩着滚轮，至死方休。

大部分男人永远学不会克制。他们摆脱色欲，只能靠激素的自然衰退。很多人以过来人自居，义正词严地对晚辈说："男人，要学会控制自己的欲望。"言下之意是，你看，我都能控制自己的欲望了。这话就好比爷爷对孙子说："你看，我都不看动画片了。"

《论语·季氏》有云："少之时，血气未定，戒之在色；及其壮也，血气方刚，戒之在斗；及其老也，血气既衰，戒之在得。"只有少年才有资格说自己摆脱了色欲的控制，大部分"过来人"，只不过是在求而不得中，浑浑噩噩熬过了"好色"的年纪，开始"好斗，好得"了。从"贪生"，变成了"怕死"。直到生命所剩无几，所有的欲望都随着激素枯竭，才终于有机会活成自己的样子。但问题是，时间不多了。

如果一个人从小就懂得克制自己的各种欲望，长大以后不是圣贤，就是豪杰。古话说，"年少得志大不幸"，因为普通人虽然不懂克制，但客观条件会帮他克制。而一旦年少得志，又不懂克制，失控的欲望就会像洪水般吞噬一切。克制的人渴了，不会开闸放水，他明白，"弱水三千，我只取一瓢饮"。因为瓢的大小可以自己控制，而一旦开闸放水，一切都会彻底超出控制范围，不可挽回地走向败亡。

所以，人越是处在高位就越要严于律己，越要克制。站得高，摔得惨的人比比皆是。学不会禁欲，就可能进狱，要么把欲望关进牢笼，要么被欲望关进牢笼。欲望永远不会得到满足，幻想中的终极满足就像一根挂在眼前的胡萝卜，永远吃不到嘴里。欲望会吞噬一切，无限长大，永远没有边界。如果有，这个边界也只能是载体的消亡。凡是纵情声色的古代帝王，油尽灯枯，英年早逝都算善终，更多的是国破家亡。

夏朝亡于妹喜，殷商亡于妲己，西周亡于褒姒，史书上把这些"红颜"定义为"祸水"，但其实错不在她们，因为她们没有选择权，错的是手握选择权的一方。不懂克制，让他们付出了沉重的代价，身死国灭，被武器碾碎肉体，被史书注销灵魂。

很多人终其一生也意识不到，所谓的本能，并不是"你"的需求，而是基因的需求。纯粹的生理快感不过是多巴胺的骗局。你必须要分清的是，什么是你想要的，什么是你的基因想要的。你到底要听谁的？我们作为人来到这个世界，不是为了当基因的傀儡，当一个被设定了程序的机器。基因为了繁衍，驱使人类不断交配，为它创造更多的宿主，至于宿主到底想要什么，它是不会关心的。

为什么说戒荤可以明心净目？因为这里的"荤"不是指肉类，而是大蒜、韭菜、大葱这类含有大蒜素的蔬菜，大蒜素会提升人的欲望，让大脑前额叶的活动减少，判断力下降。戒荤就是为了不让欲望干扰你的思维，不被基因控制，做"我"真正想做的事，而不是基因想让"我"做的事。

小时候看《西游记》，觉得最无聊的就是女儿国那一集，一个能打的妖怪都没有，直接走不行吗？非要磨磨叽叽的？后来有一次，看到网上关于这一集的评论，留言基本上都是："为什么非要走？""要是我就不走。""这生活，还取啥真经？"突然就明白了，九九八十一难，最难的就是女儿国。这一难，考验的是人心，人最大的敌人就是自己。这一难过去之后，玄奘就已经成佛。

对普通人来说，克制欲望不是让你"成佛"，不是要求你在女儿国不忘初心，在酒池肉林里坐怀不乱，这都不是考验人性，这是拷打人性。毕竟人类还没有进化到可以完全无视本能的地步。但我们起码要做到，君子不立危墙之下。承认自身的缺陷，尽量避免或远离可能触发自身缺陷的一切诱惑。正视欲望，承认它的存在，同时斩断它的生长。

　　当一个人摆脱了基因的操控，人生就会迎来质变，开始思考以前从未想过的问题，进入以前从未见过的世界，就会告诉自己："从现在起，我开始谨慎地选择我的生活，不再轻易让自己迷失在各种诱惑里。我心中已经听到来自远方的呼唤，再不需要回过头去，关心身后的种种是非与议论。我已无暇顾及过去，我要向前走。"（《生命中不能承受之轻》）

真正的理想主义

经常有人说，今天这个浮躁的社会，让人们放弃了理想，但放弃理想的前提是，拥有过理想。事实上，今天绝大多数人从来就没有拥有过理想，所以根本谈不上"放弃理想"。

我们确实放弃过一些东西，但那些东西并不是理想，充其量只能算是一些"求而不得的目标"。理想，是一个值得你用一生去追求的东西，一个你相信在自己死后灵魂依然指向的地方，你是为它而存在的。而目标，只是你在某一个时间节点想要到达的某种人生状态，它是为你而存在的。理想是你的主人，而目标是你的仆人。

如果一个目标没有你的生命重要，你可以称它为自己的"兴趣""打算"，甚至"志向"，但绝对不要以为那是理想。比如你想赚很多钱，想跟某个人白头偕老，想成为科学家，成为明星，这些通通都不叫理想，因为这些东西都是为了你的人生体验而存在，在生存面前，它们都可以被放弃。而理想是一个"如何燃尽余生"的决定，在理想面前，其他都无关紧要。

　　为什么国家一穷二白的时候，会涌现出那么多舍生忘死的人民英雄？因为他们心中有理想。以死为代价，都不可能让我放弃这毕生的信念，更何况是贫穷、饥饿、严酷的生存环境？即便现在马上就死，我也毫不畏惧，因为我相信，在我之后，一定会有无穷无尽的同志，领受同样的感召而来，而他们终将用血与剑成全我这粒微尘的永恒，这个，才是理想真正的样子。

　　为什么三国这段历史国民度这么高？有人说是因为诸葛亮和关羽的忠诚符合历代统治者的教化意图，所以在民间大力宣传，但实际上，像关羽、诸葛亮这样的忠臣，历史上并不少见。

真正的原因，是刘备。包括诸葛亮、曹操、关羽、周瑜、赵云这一系列在今天圈粉无数的超级大 V，都应该感谢刘备，正是因为有了刘备这个理想主义者的存在，三国才焕发出了传奇性和英雄主义色彩，才没有像东晋十六国、五代十国一样成为"冷门历史"，那些在当时有些能力的人才没有被历史的洪流彻底淹没，才能在两千多年后的今天依然被记得、被讨论。

作为蜀汉政权的创始人，刘备既有着圣教徒般矢志不移的虔诚和执着，又有着亡命徒般彪悍刚毅的果决和热血，他和他的追随者们屡屡在走投无路、山穷水尽的时候，依然保持着旺盛激昂的进取意志，始终不屈不挠。支撑这一切的到底是什么？是一个理想主义者的精神感召。

从诸葛亮北伐临行前的"临表涕零，不知所言"，到成都投降后姜维的"欲使社稷危而复安，日月幽而复明"，你会发现蜀汉的每一任权力中枢始终都闪耀着一种激荡昂扬的理想主义光芒，而这道光，正是已经死去的刘备发出的。

从草创到最终覆灭，蜀汉内部始终能够做到君臣互信、上下一心。两任君主对下始终给予着最充分的信任，历任权臣也始终对上保持着绝对忠诚，真正做到了"侍卫之臣不懈于内，忠志之士忘身于外"。

而对面的曹魏和东吴，普遍缺乏这种忠诚和信任，曹魏的五子良将，能力非凡，但终其一生都没有得到过曹操的信任，掌实权的永远是曹家和夏侯家。东吴的四任都督，全都死得不明不白，孙权虽然对外送十万，对内却总能大杀四方，他们蠢吗？当然不蠢，因为这样的囚徒困境、这样的权谋制衡，才是人类历史的常态。

所以说蜀汉是极富浪漫主义和理想主义色彩的政权。它就像一朵在历史的刀光剑影和血雨腥风中独自盛开的理想主义之花，美得让人击节赞叹。

有人觉得理想主义者很难获得世俗意义上的成功，其实恰恰相反。人类社会最宝贵的财富是什么？是人，而一个真正的理想主义者必然会迸发出令人折服、崇拜、敬畏，乃至热爱的力量，"得众人死力"，创造出世人完全不可想象的丰功伟业。

普通人终其一生，都在为必将到来的死亡做准备，只有当你决定了以何种姿态去面对死亡的时候才会发现，死亡何时降临，反而变得没那么重要了。这个时候，你才算活了过来，因为真正的生者只有一种姿态——向死而生。

理想之所以美得让人无法亵渎，就是因为它凭借着死亡恩赐的觉悟，超越了生命的惶恐和不安，这本质上是一种"超我"的实现。

在这之前的理想，无论被描绘得多么美好，本质上都是一些"不断被扶正的欲念"。欲念就像桃花，它会在清晨醒来之后的沐浴中消散，在你看见摩天大厦、宝马香车的时候重新升起；而理想是深海，它是你深入现实世界中探索，经历百转千回的打磨之后所悟到的超越死亡边界的最终信念，桃花影落，碧海潮生。理想从来不属于青春，它本身就是青春的丧钟，丧钟一旦为你而鸣，你就要开演最后一幕戏了。但幸运的是，如果你准备好了，这将是你人生中最精彩的一幕。

致疯狂的人

我听过一句话:"人生有三道坎儿,接受父母的平庸,接受自己的平庸,接受儿女的平庸。"这看似三代人的宿命,其实自己的选择很关键:你不平庸,你会给他们更多的选择,会懂得帮他们去拆解这个世界,让他们像拼乐高一样,完全按照自己的想法去拼装自己的人生,实现自己的价值。

想要自己不平庸,就要轻归纳重逻辑。比如,很多长辈的口头禅:"我们那时候吃了多少苦,你吃这点苦算什么?""别人家的孩子都成家了,就你一天瞎晃荡?"这些话本质上都是在用归纳法观测了少量样本之后,就来指导你现在的生活。稍微懂点逻辑学的人就会明白归纳法的重大缺陷：它是从特殊推导出一般，完全没有逻辑可言，是为了生产力发展妥协出来的产物。比如，牛顿的绝对时空观，生活中看似没有任何问题，那是因为观测的样本太少。要是我们今天还坚信绝对时空观，就会连车都开不了。现在的导航卫星离地两万公里，和地面的时空曲率不同。根据相对论计算得出时间的流速会加快 45 微秒，由于高速运动，时间的流速又减慢了 7 微秒，两者相加，卫星的时间流速每天就比地面快了 38 微秒。这会导致你的导航误差越来越大，直到完全无法使用。所以，导航卫星上的原子钟每天都会自动回拨 38 微秒来确保精准。

但是，大多数人的习惯恰恰是重归纳轻逻辑。比如，提起楚汉就吹刘邦贬项羽，好像只要做到刘邦那样的处事风格，就一定能驾驭人心，合纵连横。其实，这只是幸存者偏差，不信你去看看四百年之后那个更懂得驾驭人心的刘备。前人用归纳法总结的经验大多不可信，因为以人类文明在宇宙中的渺小和短暂，我们观测过的样本数约等于零。年轻人就应该有自己的想法，就应该桀骜不驯、锋芒毕露，应该像霍去病"封狼居胥，拜冠军侯"，像项羽披坚执锐，破釜沉舟，"生当作人杰，死亦为鬼雄"。

乔布斯在一条广告里录制了这么一段话："致疯狂的人，他们特立独行，他们桀骜不驯，他们惹是生非，他们格格不入，他们用与众不同的眼光看待事物，他们不喜欢墨守成规，他们也不愿安于现状。你可以认同他们，也可以反对他们，颂扬或是诋毁他们，但唯独不能漠视他们。因为他们改变了寻常事物，他们推动了人类向前迈进。或许他们是别人眼里的疯子，但他们却是我们眼中的天才。因为只有那些疯狂到自以为能够改变世界的人，才能真正改变世界。"[1]

看到这儿肯定有人要说，这是鸡汤，有什么用呢？其实，很多时候，人就是缺少一个契机、一个顿悟。风清扬只教了令狐冲几句口诀，独孤求败只给杨过留下八个字"重剑无锋，大巧不工"。师傅领进门，修行在个人。当励志内容开始被称为鸡汤，当鄙视励志内容都产生了优越感，当"你的梦想是什么？"变成了一句调侃，大多数人就已经丧失了自我。潜意识里，我们每个人都曾经是这个世界的主角，只是现在的你不再相信，或羞于面对。遇到有人过来提醒，还要用嘲笑和不屑来掩饰内心的绝望和麻木。

1　苹果公司在1997年7月推出的广告。其中这一段广告词为乔布斯亲自撰写。

人这一辈子一定要相信点什么，就像家里的老人爱买彩票，谁会不知道彩票的收益期望为负？但我从不反对，因为他买的是一份希望，而人就是靠一份份希望活下去的。每个人都会有一段至暗时光，你能做的就是，多一点相信，少一点抱怨，无视他人怀疑的眼神，大胆去走你的夜路。世界是混沌的，结局无法强求，但路怎么走，是自己挑的。

有一段陪我走出至暗时光的话，现在还被裱在我书房的墙上，与各位共勉。

"由于我的职位低下，人们都不愿同我来往。我的职责中有一项是登记来图书馆读报的人的姓名，可是他们大多数不把我当人看待。在那些来看报的人当中，我认出了一些新文化运动著名领导者的名字，如傅斯年、罗家伦等。我对他们抱有强烈的兴趣。我曾经试图同他们交谈政治和文化问题，可是他们都是些大忙人，没有时间听一个图书馆助理员讲南方土话。"[1]

---

1 《毛泽东自述》，人民文学出版社 1993 年版。

饮冰十年，难凉热血

多年以后你会发现，自己内心最煎熬的那段时光，才是人生最有力量的阶段。因为煎熬的根源，并不是生活本身，而是那种迫切想要改变现状的内驱力带来的精神灼烧感。人生就是逆"熵"而行，生活从来都不容易，当你觉得容易的时候，一定是有人在替你承担属于你的那份不容易。

可能你又荒废了一天，又拖延了一天，但只要这种灼烧感还存在，你的热血就没凉，就还有无限可能。人不是慢慢变老，而是一瞬间变老的。如果有一天，你觉得麻木了，稳定了，岁月静好了，可能一眨眼，几十年就没了。不知道你有没有这种感觉，随波逐流的那段时间，很多细节都想不起来，记忆非常模糊，有时候甚至会怀疑那些日子是不是真的存在过。

这个世界最大的幻觉就是稳定。所谓稳定，只不过是大脑幻想出来的一种未来的确定性。事实上，人生唯一能确定的，就是世事难料。如果你觉得生活很稳定，不需要任何努力就可以保持现状，只能说明你处在"最低能量状态"。山下的石头比山顶的稳定，仅仅是因为它的重力势能更低，处在自己的最低点。你可能会说，我比上不足比下有余，怎么可能是最低点？

这里我说的是，"自己的最低点"。每个人的最低点都不一样。你抱怨自己拼命追逐的只是别人的起点，但同样有很多人终其一生都对着你的起点望尘莫及。这才是真正的众生平等。

人和人是不一样的，人类的悲喜并不相通。"不如意事常八九，可与语人无二三。"没有人可以对他人感同身受，没有人可以对他人的人生负责。

人真正的转变，就是不再从集体中寻求安全感，不再以"身边的人是怎么做的"当作行为依据。学会用逻辑和理性判断自己的做法是否合理，只相信自己的判断，不在意别人的反馈。这种人有时候会显得"自私"，但什么是自私？用自己喜欢的方式生活，根本不叫自私，要求别人按自己喜欢的方式生活，才叫自私。

我们生来普通，却又生来不同。有所成就的人绝不是和一群人扎堆做着同样的事，而是跳出了"群体陷阱"，专心做自己的事。牛顿第一定律告诉我们，保持匀速直线运动或静止的物体，最稳定。我们说一个物体稳定的时候，实际上是在说它没有加速度，甚至没有速度，静止不动。而物体的"加速度"，对应的正是人类本能中最宝贵的"意志力和内驱力"。

为什么历史上很多人只要大败一场，回去就病死了？因为意志一旦瓦解，生命力就会立刻凋零。巨鹿之战，项羽凭什么以五万兵力打四十万，一战封神？军事上有一个概念，叫崩溃率。古代一般的军队，伤亡率超过百分之十，就会彻底崩溃。十万人只要伤亡一万，剩下的，就会变成九万头疯狂逃窜的野猪，战场就会变成对方的屠宰场。而项羽把锅砸烂，把船凿沉，就是为了告诉大家，要么赢，要么死，没有安稳！"当是时……楚战士无不一以当十。楚兵呼声动天，诸侯军无不人人惴恐。"(《史记·项羽本纪》)

这么一来，项羽的部队直接隐藏了崩溃率这个属性，五万如何打赢四十万的问题，直接简化成了五万如何歼敌四万和如何捕获三十六万头野猪。

彭城之战，项羽三万人追着五十六万人打，歼敌近三十万，差点儿杀了刘邦。垓下战场"……乃有二十八骑。汉骑追者数千人……项王乃驰……杀数十百人……亡其两骑耳"，项羽率领最后的二十八骑，斩敌数百，只损失两骑。仅剩的二十六骑全部下马，跟随项羽英勇战死。这种战神虽然身死，但你很难说他败了，因为胜利的标准不是杀光对方的士兵，而是彻底瓦解对方的战斗意志。但项羽的战斗意志，从来没有被瓦解，所以才有了后来李清照的诗句："生当作人杰，死亦为鬼雄。至今思项羽，不肯过江东。"

饮冰十年，难凉热血。你想不平庸，就一定有不平庸的办法。永远不要让自己的热血凉下去，永远不要让心中执剑的少年混迹在市井之间。尤其是年轻人，人生还有好几十年，你可以成为任何你想成为的人。把自己变成一把钢锥，一辈子只凿一堵墙，肖申克的监狱也困不住你。人生这场游戏，只有一句至理名言——"我是主角，我不能输。"

人是怎么变强的

老一辈人经常说，年轻人要多多接受苦难的毒打，吃得苦中苦，方为人上人。他们认为，人只有在年轻的时候被社会反复地锤炼，才能快速成长，变得强大。但为什么有的人几锤下去就被砸成一堆烂泥，年纪轻轻就没有了少年该有的模样，有的人被砸得铮铮作响却能劈山斩海百炼成钢？

长者和过来人说的话就一定对吗？我们总是习惯把长者跟智者画等号，觉得经历丰富的人思想一定更深刻。有一句话叫"我吃过的盐比你吃过的饭都多，我过的桥比你走的路都多"。爱说这话的人一般都没有大的成就，他们想要证明自己，却又找不出什么有说服力的东西，只能用经历比你多、活得比你久来说事儿。他们的逻辑是活得久等于活得通透，等于思想深刻。而事实上，随着年龄越来越深刻的，只有脸上的皱纹。

很多人的思维模式二十多岁就已经基本定型，想要彻底改变，确实需要经历，但绝不仅仅是经历。人生就是一半在痛苦中挣扎，一半在安逸中浑然不觉，被绝望和希望在中间来回拉扯，一半海水，一半火焰。人在顺境中很难产生深刻的思考，很多东西确实只有在逆境中才能感知。

可是，为什么有的人经历一件事之后就会变得很深刻，有的人经历了无数坎坷却没有任何长进？

当我们看到一个玩世不恭的花花公子，被绑架之后逃出生天，从此心性大变，成了拯救世界的钢铁侠，就觉得苦难是宝贵的财富，但对战火下那些无声的累累白骨来说算什么？轮回体验券吗？事实上，苦难就是苦难，苦难根本不是财富，正面迎击并战胜苦难，缴获的战利品才是财富。苦难只是花花公子成为钢铁侠的诱因，真正的原因是他自身的勇气和认知。如果他没有勇气，就丧失斗志放弃抵抗；没有足够的认知，也造不出让他逃出生天的钢铁战甲。

这个世界谁都不缺过不去的坎儿，大多数人缺少的根本不是苦难，而是勇气和认知。

一个深刻而通透的人，必须经历怀疑一切，摧毁一切，重建一切，而这三步分别对应的是苦难、勇气和认知，三点缺一不可。

苦难让人开始怀疑一切，勇气让人敢于摧毁一切，认知让人有能力重建一切。有的人天性懦弱，面对苦难选择低头认输。但低头并不会换来仁慈，反而会遭到更加疯狂的毒打，直到遍体鳞伤，被打磨掉所有的自由意志，开始怀疑一切，变得更加懦弱，选择躺平。他们把对这个世界的失望当作自己的成熟，把自己吃过的苦当作炫耀的资本。他们永远不会变成一个深刻的人，只会变成一个他们认为的"世故圆滑"的人。

有的人被苦难一次次击倒，又一次次爬起来，与命运殊死相搏，宁死不屈。他们拥有摧毁一切的勇气，却没有重建一切的能力，只能生活在精神的废墟里，变成一个迷路的人。

生活的苦难就像一头恶龙，我们都是屠龙的少年，有的人被恶龙杀死，有的人杀死恶龙，却长出了恶龙的鳞片变成恶龙。只有真正大智大勇的人，才能破除"屠龙少年终成恶龙"这个魔咒；才能在杀死恶龙之后，带着山洞里所有的财宝，来到一望无垠的辽阔平原，继续享受头顶的阳光和山涧的溪水，继续拥抱眼前的生活，变成一个深刻而自由的人，变成我们口中那个——从地狱回来的人。

part **2**

关于改变

松开双手，反而能抓住更多

躺平的意义

现实生活中，只要有人躺赢，就可能会有人躺平。躺平不是不奋斗，而是拒绝为了别人的利益奋斗。经济社会的泡沫来自欲望，欲望越大，泡沫也就越大。有一些年轻人选择砍掉欲望，把泡沫捏碎，变成不买房、不恋爱、不结婚、不生孩子、不消费，只维持基本生存状态的躺平族。

有人说，躺平是不负责任的态度，对不起父母，对不起社会。认命可以，躺平不行。我的观点刚好相反，躺平可以，认命不行，累了可以躺下，但不能永远躺下，躺下是为了终有一天，重新站起来。君子藏器于身，待时而动，重点不在藏，在动。

"躺平"这个词太消极，它应该还有另外一个名字："沉淀"。躺平和沉淀的区别在于，你保持低欲望生存状态的时候，是躺在床上玩游戏，沉迷于生理刺激，还是向下扎根，期待有朝一日破土而出。

低欲望的生存状态，是人在被消费主义长期毒害以后产生的集体免疫力。拒绝被资本控制，拒绝被精神奴役，重新拿回自己时间和生活的掌控权，不追求能力之外的东西，放慢自己的生活节奏，这很好。但关键问题是，抢回来的时间你要怎么用？是无所事事、得过且过，还是用来自我成长，这才是关键。

生活的可能性，不是简单的二元对立，很多人习惯性地把锦衣玉食、纸醉金迷的对立面默认成了面目不堪、苟且偷生，在看不清未来的时候，恐慌地把最糟糕的结局设想成自己的归宿，然后开始自暴自弃。

扪心自问，你凭什么不相信自己值得更好的生活？你凭什么觉得自己就只能这样？为什么我们不去试着相信时间？

只要你不挥霍它，凭什么认为它不会给你一个满意的答案？永远不要否认未来的无数可能。

我绝不是让你向天再借五百年，然后去一线城市买房。真的是高房价击垮了年轻人吗？不是，是价值观。除了自身的病痛，你的一切痛苦都来自你的价值观。

几十年前，房子虽然会分配，但当时婚姻的锚定物并不是房子，而是手表、缝纫机、自行车、彩电、冰箱、大哥大，哪一样都不便宜。即使回到几十年前，你还是缺钱，但没有人规定你的梦想必须是赚大钱，出人头地。达则兼济天下，穷则独善其身。人可以没有物质追求，但绝不能没有精神归宿。

一代人有一代人的坚忍，一代人有一代人的际遇。要始终铭记鲁迅先生所说的："愿中国青年都摆脱冷气，只是向上走，不必听自暴自弃者流的话。能做事的做事，能发声的发声。有一分热，发一分光，就令萤火一般，也可以在黑暗里发一点光，不必等候炬火。此后如竟没有炬火：我便是唯一的光。"

消费主义

为什么今天很多年轻人负债生活？因为现在的年轻人"要种的草"太多，"要打的卡"太多，要过的节太多。消费主义不断为你创造各种需求，反手再借钱给你花。

如果说消费主义是倚天剑，那么各种金融消费贷就是屠龙刀。在资本的刀光剑影下，是普通人尸山血海的修罗场，是鬣狗和秃鹫的饕餮盛宴。

没有人一生下来的梦想就是疯狂消费。最开始我们想要尊严，想要爱情，想要自由。直到地产商告诉你，坐拥城市繁华，尽享尊贵人生。珠宝商告诉你，爱情恒久远，一颗永流传。汽车品牌商告诉你，去感受路，说走就走才是自由。你捏着口袋里那几个铜板正要低头离开，消费贷告诉你，这些通通都可以分期，只要交出你剩下的时间。

人们没有渴望过真理，凡是能向他们提供幻觉的，都可以成为他们的主人。消费主义就像一种祭祀仪式，把每个人都变成"拜物教"的虔诚信徒，把商品变成象征理想人格的各种符号。虔诚的信徒，会无休止地购买各种符号，拼命想要变成符号背后那个理想中的自己。

你为了所谓面子，贷款买了一台"豪车"，很快你就会觉得，你的形象配不上你的车，你需要更贵的衣服。你的手表配不上你的形象，你需要更贵的手表。需求无穷无尽，直到债务爆发，不得不卖车的那一天，你反而会觉得前所未有的轻松。因为整件事的根源，就是那辆车给了你不切实际的幻想，让你对自己的身份产生了错误判断。一直以来，你都在追求一个存在于商品之外的永远无法得到的假象。每一次消费，都是对自己理想人格的拙劣模仿，都是为了享受一种人格升华的短暂快感。就像一个虔诚的信徒，倾其所有进行着一场永远无法得到回应的祷告。

"消费主义陷阱"这个词儿已经过时了，陷阱是原地不动的，现在的消费主义，已经升级成了加特林、榴弹炮、洲际导弹，每时每刻都在对我们的生活进行无差别轰炸，用他们的话说，叫"占领用户心智"。

铺天盖地无孔不入的宣传，不断把各种商品跟我们的情感进行绑定，不断地暗示你消费了什么，决定了你是谁。你是一个有趣的人，就一定要出国旅行，跳伞潜水，上天入地；你是一个热爱美食的人，就一定要去网红店打卡，品尝米其林三星；你是一个自律的人，就一定要在健身房汗流浃背，喝着蛋白粉，吃着健身餐。最关键的，是一定要通过各种社交媒体，把这一切展示给外界，才算是完成了新身份的定义。

在消费主义的裹挟下，越来越多的人习惯用消费行为来表达自己，用消费行为来评判他人。人们相互蔑视，又相互奉承，各自希望自己高于别人，又各自匍匐在别人面前。所有人相互拉扯，共同陷入了物化自身的囚徒困境。在这个过程中只有藏在暗处的资本完成了一场无差别的收割。

很多时候，即使你看穿了一切，也很难独善其身。你绞尽脑汁，让女朋友明白了钻石的真实价值，理解了钻石不过是国际资本的骗局。但钻石越是"无用"，买钻石这个"愚蠢行为"就越能证明你爱得如此疯狂，如此毫无理性，不计得失。这时候重要的已经不是钻石本身，而是通过买钻石这个"愚蠢行为"，向她、向你们的所有社会关系证明你"盲目而又热烈的爱"。

当所有人手表上的时间都是错的，你手表上的正确时间就没有了任何意义。大家都按照错误的时间生活，你就只能把时间调成跟他们一样。

就像《皇帝的新装》里，明明皇帝没有穿衣服，裁缝却说，看不见衣服的都是傻子。王公大臣们没人愿意承认自己是傻子，所以每个人都说衣服真好看，直到一个不懂事的孩子大喊："皇帝没有穿衣服！"囚徒困境的破局者出现。这句话，像一道闪电划破夜空，把共有知识变成了公共知识，把每个人各自知道，变成了每个人都知道，别人也知道。

今天越来越多的年轻人开始反思消费主义，坚持储蓄，坚持学习。懂得了在能力之外坚壁清野，拒绝一切超前消费，拒绝一切琐事和支配。在朴素的生活中删繁就简，壁立千仞，无欲则刚，毕竟除了阳光、空气、食物，哪还有什么刚需？无论人生的合同范本上有多少霸王条款，结尾一定都要加上一条：合同最终解释权，归本人所有。

自我的价值

如果你每个月给老板赚一百万，应该拿多少工资？五十万？十万还是八千？很多人认为，一个人的收入取决于他创造的价值。但实际上，一个人的收入，大多取决于他被替代的难度。

一般情况下，站在老板的视角，给你发多少工资的逻辑起点，并不是你创造了多少价值，而是找到一个可以替代你的人，需要多少成本。如果他能从市面上找到一个人，很好地完成你现在的工作，价格是八千，那么，你的真实价格就是八千，这个价格不是你决定的，也不是你的老板决定的，而是你和千千万万个能够替代你的人，充分博弈后共同决定的。世上本没有路，走的人多了，就有了路。但走的人太多了，路就被堵死了。

价格反映的并不都是价值，有时候是供需关系。一线的煤炭石油工人给人类提供能源，田间地头劳作的农民给人类提供食物。他们创造的价值，关乎人类最根本的生死存亡，重要性超过任何一个行业，但他们的收入并不高，因为能够替代他们的人太多了。

工业革命之后的社会化大分工，极大地促进了物质文明的繁荣，但也让人的独特性逐渐消失，开始原子化。个性、自我、不合群，在主流意识的评价体系里，是贬义的，是不被支持的。以至于大多数人根本就无法意识到，很多事情是极其荒谬的，比如人必须结婚、房子是必需品、我们必须获得别人的认可等。人们拼命砍掉自己的翅膀，还要互相比一比，看谁的切口更整齐，人们争先恐后地戴上枷锁，还要互相张望，生怕和别人的款式不一样。

很多人根本没有想过，自己为什么要押上后半生的时间，贷款买一堆钢筋水泥，没有想过自己为什么要日复一日面对一份自己厌恶的工作。一日三餐，八小时工作，八小时睡眠，油盐酱醋，婚丧嫁娶，推杯换盏，剩下的碎片时间还要对着手机枕戈待旦，生怕社交软件回复慢了，点赞慢了，疏远了"关系"。随着年龄的增长，需要维持的东西越来越多，事业、伴侣、孩子、父母，留给自己的可能越来越少。生活像一个不断加厚的铁盒子，把每个人牢牢地关在里面。

经常有人煞有介事地说，这不是我想要的生活，其实这就是他想要的生活。除了被物理规则限制自由的人，每个人都在过自己想过的生活。一个没有被物理规则限制自由的人，说"我不想过这样的生活"，就像一个有手有脚的正常人坐在一块石头上说"我不想坐在这块石头上"一样，根本不成立。如果真的不想，他可以站起来。如果真的不想过现在的生活，他就会去改变，因为没有什么是放不下的。

真正将一个人牢牢禁锢在那个铁制小盒子里的，根本不是他人的所谓"压迫"，而是自己的"不放"。一个人至关重要的转变，恰恰是从决定放下那些自以为至关重要的东西开始的。力举千钧，唯求一发，只有把所有的时间和精力全都拿回来，才有可能真正出发。只有将这千钧之重集于毫针之尖，才有可能洞穿这钢铁做成的盒子，哪怕只能刺穿一个极小的孔，哪怕这个小孔只能维持一秒，铁盒里的你也能在这一秒与真正的自己相连，孔的那头，是你安身立命、有所成就的唯一关键，有真正属于你的未来和真正无垠的世界。

正确的努力

明明已经很努力了，为什么还是赚不到钱？因为很多人根本就不知道努力的定义。一提到努力，他们的第一反应就是如何自律，如何提升意志力来逼迫自己做某件事。其实，意志力就像法师的蓝条，它不是一种能力，而是一种能量，是非常稀缺的资源，用完了就只能通过休息来恢复。比如，抵抗高热量食物的诱惑、抵抗酒精的诱惑，这些事都会消耗你的意志力。每当意志力耗尽，人就会对外界干扰和诱惑失去抵抗力，彻底放飞自我。

意志力的作用不是强迫自己去做某件事，而是强迫自己不去做某件事。能够长期做好一件事的原因只有一个，那就是热爱。如果把人生比作一辆行驶的汽车，热爱就是汽油，提供动力，而意志力是机油，防止发动机出故障，把机油当汽油烧，当然会爆缸。如果一件事需要花费大量的意志力强迫自己去做，那就别做了。比如练习写作，如果把意志力当作驱动力，要不了多久，意志力就会耗尽，你就会毫不犹豫地掏出手机开始刷。意志力的正确应用场景是，你正在练习写作，女神突然打来电话请你去喝酒，被你用钢铁般的意志力无情拒绝，意志力一定要用在刀刃上。

这个世界上最大的谎言就是，告诉你只要努力就能成功，却不告诉你努力的定义是，用意志力来抵抗外界的干扰和诱惑，然后心无旁骛地做自己热爱的事。如你每天的工作自己都不喜欢，觉得没意义，那就不叫努力而是自虐。想找到热爱的事没有捷径，唯一的办法就是多尝试。

热爱的定义是，你认为自己做事有意义，不依赖外界，单从这件事本身就能获得巨大的精神愉悦，而赚到的钱就像外卖套餐里赠送的口香糖。一旦你找到了这种精神愉悦，物欲自然而然就会降低。因为那些东西带来的爽感，和前者根本不是一个量级。但到了这时候，你反而会赚更多的钱。这就是为什么说赚钱不能急，越想赚钱就越赚不到钱。当你做着自己热爱的事，又莫名其妙赚到了很多钱，人生可能就会豁然开朗。

真正把一件事做好的人，他们做事的本身就是在享受，肉体的辛苦和精神的愉悦比起来根本不值一提。不懂这一点的人，每天的努力就是在跟自己较劲，是在用意志力强迫自己做不喜欢的事。所以，如果你真的不喜欢现在的工作，又离不开这份收入，那就一边寻找自己真正热爱的事，一边提升自己的认知。我一直坚信，财富只是高维认知在三维空间的投影，即使偶然获得了超越认知的财富，也不会长久。只要一个社会的知识没有垄断，财富的流动就不会停止。资源从来都不是壁垒，认知才是。

比起毫无意义的抱怨，我们更应该做的是迅速成长。要知道并不是每一代人都有现在这样的机会，两汉时期的寻常老百姓根本接触不到书这个东西，一个颍川的人才就能决定三国的走向，普通人和世家子弟的认知差距，大到几乎不是一个物种。所以后来的魏晋南北朝总结起来就两个字——"吃人"。这就是知识垄断的可怕。

而现在，只要你想，打开抖音就可以搜到原子弹的制造原理。所以现在缺的不是知识，而是快速筛选知识、调用知识的能力。如果两个人脑容量相同，一个人脑子里装满了各种具体的知识，另一个人脑子里装满了各种知识的目录。放在之前，我们会说第一种人有真才实学；第二种人虽然知识面广，但杂而不专，遇到问题还得翻书。但放到现在，第二种人调用知识的速度因对网络信息的有效利用而极大地提高，解决问题的综合能力让第一种人望尘莫及。遇到问题只需在大脑中搜索可能需要的知识目录，再去现实中搜索调用这些知识，即可解决问题。

　　在这个过程中将要用到的三种核心能力，就是现在这个时代最重要的能力。第一个就是快速阅读理解能力，它可以迅速把具体的信息提炼成目录储存进大脑。第二个是信息搜索的联想能力，它可以让你迅速找到你需要的信息并调用。第三个是逻辑思维能力，它可以让你将信息按逻辑梳理用于解决问题。

　　不断强化这三种能力，不断寻找自己热爱的事，不断用意志力排除干扰，你就能改变自己的命运。人不是简单地活着，而是要时刻思考，亲自决定，下一刻自己会成为什么样的人。你总不能把这个世界让给那些你瞧不起的人吧？

从迷茫中破局

　　人生就是用大把的时间迷茫，然后在几个瞬间成长。虽然每个人都会有一个觉醒期，但觉醒的早晚决定了你的命运。如果你有一些钱，不知道该不该买某样东西，拖着没关系，因为钱还是你的。但如果你有一些时间，不知道该不该行动，拖着是不行的，因为拖着拖着，时间就不是你的了。大多数的觉醒都发生在弥留之际，插着呼吸机的壮志未酬，除了让心电图异常，没有任何意义。

　　大部分嘴上谈着理想、咬牙跺脚说要改变的人，其实只是发发牢骚，说完又一头扎回现状里。在人生的每一个三岔路口，他们都知道哪条路是对的，但从来不走。因为他们潜意识里觉得，以后还有大把时间，生命还有无限可能，自己"真正的生活"还没有开始，总有一天，自己会打通任督二脉，腾空而起，从天而降。他们始终在等一个契机，盼一个奇迹，等着"苦其心志"之后的那个"天降大任"。

人只要还有那么一条退路，有那么一点余地，就总能给自己找出无数的理由和借口。没有伞的孩子才会在大雨里狂奔。暴雨里最惨的，是那些撑着伞小心翼翼迈着步子，生怕被淋湿又浑身湿透的人。既没有坐进小汽车的出身，又失去了在雨中肆意狂奔的勇气。

在你一事无成的时候，所谓的面子和自尊就像暴风雨中的伞一样自欺欺人。你不对自己狠一点，社会就会对你狠一点，当你狠下心来对待自己，世界反而会变得温文尔雅。反正都要浑身湿透，扔了伞一路狂奔，起码比那些小心翼翼撑伞的人走得要快，遇到雨天堵车，超过那些坐着小汽车的人，也不是没有可能。

有人说，光是生存我就已经竭尽全力，每天睁眼就是车贷、房贷，各种花销，哪有精力去改变？哪有底气去试错？

这个问题的关键在于，你如何定义生存。人的每一个选择都是在当前环境中权衡利弊得出的"最优解"。所谓造化弄人，很多时候并不是认知的问题，而是人处在某种特定环境下自然而然的选择。

我们从小到大，在没有充分运用自己的理性之前，就已经接受了各种各样的意见、看法、传统与习俗，那么当我们有一天从自己的思维出发时，是不是应该对以前所接受的一切，加以怀疑呢？

——笛卡尔《谈谈方法》

如果你能沉下心来仔细推敲，仔细回忆，自己是如何一步一步走进今天的困局的，就会发现，事情从来都不是看起来那么简单。

人类的知识、财富、权力，截至目前都无法解决的一个核心问题，就是死亡。为了对抗死亡，所有的宗教都在许诺一个死后的世界，所有的哲学都在寻找生命的意义。但这个必然到来的结局依然横亘在每个人面前，每个人都走在一条从出生到死亡的单行道上。无论身份、地位、财富多么悬殊，最终的结局都一样。想通了这一点，你就会发现除了时间，我们其实一无所有；除了自由，没有任何东西不可以失去。

想要破局，首先要做的，就是砸碎脚上的镣铐。扔掉那些你以为你需要，但其实你并不需要的东西，砍掉能力之外的一切欲望。圈子无意义，就全部拉黑，车贷、房贷还不起就卖掉车子、房子，哪有什么无法舍弃的东西？什么都无法舍弃的人，什么都改变不了。只有一次彻底的断舍离，才能给自己留出腾挪的空间，才能把时间和精力全部拿回来，拥有改变的可能。没有不可治愈的伤痛，没有不能结束的沉沦，所有失去的都会以另一种方式归来。

很多人看起来非常努力，但他们的努力根本不是在改变自己的未来，而是在承受自己的过去。承受就意味着只能停在原地。他们用别人口中的经验和规则画地为牢，日复一日地重复着昨天的生活，又期待着明天会有所不同。

穷人怎么翻身？答案是再穷一点。穷到没有退路的人是不缺破局能力的，能够浑浑噩噩度日，每天患得患失的人根本不是穷人。只有支撑你的东西全部崩塌，面对一些事情无能为力的时候才会瞬间成长。只有彻底的绝望，才能磨砺出锐不可当的勇气。因为从这一刻开始，你才真正从命运手上接管自己的人生。将欲取之，必先予之。当你一无所有的时候，反而会拥有一切。

为什么绝境的痛苦使人成长？因为痛苦的本质就是对自己无能的愤怒。这种愤怒，会在每一个失眠的夜里，反复灼烧你的内心，迫使你对每一个细节进行反思，这个反思的过程，就是成长。很多时候我们嘴上承认一些道理，但其实心里不服，只有被愤怒的烈焰烧光内心的杂草，才能长出敬畏。没有什么是不需要代价的，一切人格的形成都来自过往的经历，贝多芬的《命运交响曲》就写满了对命运不公的愤怒。如果你看到一个人永远用力过猛，永远用难以理解的方式要求自己，那他心里一定藏着巨大的痛苦，这种痛苦不断转化成愤怒，对命运的愤怒，对自身的愤怒，这种愤怒会带来最纯粹极致的力量。一个理智的人会改变自己去适应规则，只有那些愤怒的人才会想要改变规则来适应自己，但历史，是后一种人创造的。

辟邪剑法

　　这个世界最残酷的风景，就是无数目光如炬的年轻人在最该放手一搏的年纪，被各种原因捆住了手脚，最终沦为泛泛之辈，空抱惊世奇才，垂老于林泉之下，混迹于市井之间。他们也曾意气风发地说着"大丈夫生居天地间，岂能郁郁久居人下"，但最后，这些豪言壮语，都化成了烧烤摊儿上的一杯浊酒，只能默默地一饮而尽。人生在世，想有所成就，真这么难吗？

　　人生苦难重重，这是一个伟大的真理。这个世界的关键词是"舍得"，有舍才有得，你最终得到什么，不在于你选择了什么，而在于你放弃了什么。但学会放弃这件事，真的很难。

经常会有人问一个问题，如何兼顾事业和家庭？答案是绝对不可能。因为人不可能在同一个时间节点，去做两件事。事业和家庭只能在不同的人生阶段调整比重，永远不可能兼顾。那些靠自己一路拼杀出来的人，在某一个时间阶段，对家庭的付出一定是缺失的。别说兼得，事业和家庭二者能得其一就可以算人生赢家了，要知道这个世界上绝大多数人，不仅没有事业，家庭也是一地鸡毛。

如果你能说服自己，知足常乐，平凡可贵，选择家庭当然不失为一种幸福，但如果你的心里始终有一团火，每天都烧得自己彻夜难眠，迫切想要改变现状，那就只有一条路——排除一切对目标的干扰，让感情、家庭，甚至健康，通通靠边儿站，起码在你有所突破、拿到结果之前暂时靠边儿站。

普通人在逆风局唯一可能打出的反杀，就是一把梭哈。你唯一的赢面，就是把自己全部的时间，都聚焦在一件事上，把自己全部的能量，都凝聚在一个点上，孤注一掷，破釜沉舟，以一种近乎搏命的方式击穿它。除此之外，再无任何胜算。

哪个白手起家逆风翻盘的人，没有过一段拼命的时光？如果一个人什么都无法放弃，就什么也无法获得。即使是各种"二代"，各种"后浪"，只要他真的想做出一点个人成绩，一样必须放弃很多东西，就连皇太子为了帝国权力的稳固也会被迫娶权臣的女儿为妻，而放弃自己的感情。霍去病那句"匈奴未灭，何以家为？"两千多年之后依然振聋发聩。

一会儿女朋友想看电影，一会儿朋友要过生日，一会儿又吃得不好，过度劳累了，那你就歇着吧，什么也别干了，你根本打不赢逆风局，你输定了。这个世界有笨人吗？没有。到处都是聪明人。但在任何时代，缺的都不是聪明人，而是那种一心一意孤注一掷的铁人，是那种"要么赢，要么死"的狠人。

《笑傲江湖》是金庸最特别的一本小说，因为这本书有很深的现实隐喻。最开始我觉得这本书的主角是令狐冲，但后来发现这本书的主角原来是林平之。

令狐冲的人生目标就是喝着小酒谈着恋爱，没酒了他要死要活，失恋了他也要死要活，结果剧情降神，让他遇到了风清扬，学会了独孤九剑，走上了人生巅峰。可以想象，如果不是作者强行开挂，令狐冲这辈子也就是个两眼无神的酒鬼。而林平之一无所有，也买不起外挂，但他从未怀疑过自己，从未忘记过内心的目标，他锲而不舍，百折不挠，仅凭一己之力，从黑暗中破茧而出，最终大仇得报。这是什么？这是名副其实的英雄。他为什么非要挥剑自宫？他不想学独孤九剑吗？做梦都想，但作者不让，或者说，这个世界不让。

因为令狐冲和林平之其实是同一个热血少年的两种结局，一种是理想结局，一种是现实结局。而现实世界里根本没有独孤九剑，只有辟邪剑法。你想得到一些东西，就必须舍弃一些东西；你想突破一部分自己，就必须切掉一部分自己。那一刀切掉的是什么？是对目标没有帮助的欲望，是世俗观念强加在你身上的枷锁，是一切别人认为你应该拥有，但你并不需要的东西。

每个人都想成为令狐冲，但林平之才是生活的真相。令狐冲可遇不可求，但每一个未曾向命运屈服的普通人都是林平之。你是想放手一搏，还是要等到年华老去，心中充满遗憾，孤独地迈向黄泉路？意志是生命的蓝图，前进是唯一的退路。辟邪剑谱现在就摆在你面前，问题是，这一刀，你敢不敢切？

向死而生

死亡的本质是什么?

死亡并不是某个遥远时间节点的终极审判,而是此时此刻正发生在你身上的渐变。人活着的每一分每一秒,都是正在接近死亡。选择生活方式,本质上就是选择一种方式奔向生命的终点。幸福的生活,就是我们精心挑选出来的一种最称心如意的奔向死亡的方式。

人为什么一定会死? 死亡的必然性背后,蕴含着宇宙中最深刻、最无懈可击的真理——熵增定律。"熵"就是混乱程度。

熵增定律，指的是万事万物，都倾向于往更混乱的状态发展。新鲜的牛肉会腐烂，房间不打扫会越来越乱，手机会越来越卡，皮肤会越来越松弛，破镜难圆，覆水难收，恒星会熄灭，黑洞会消散。万事万物都会不可挽回地从秩序走向混乱。

熵增会拖着一切，走进永恒的黑暗，归于沉寂。宇宙就像一片荒芜又绝望的沙漠，而生命就像这片沙漠中偶然开出的一朵鲜花，像一张无限大的白纸上凭空出现的一抹红晕。熵和生命力，就像两支时间之矢，一头拽着我们进入无尽的黑暗，一头拉着我们走向永恒的光明。

人类从出生那一天开始，就在不断对抗熵增，从第一口呼吸开始，就是在从外界吸收能量，摄取负熵。你吃了一块牛肉，排出了一堆残渣，这些排泄物的混乱程度大于牛肉，降低了自身这个封闭系统的熵。而外界消失了一块牛肉，新增了一堆排泄物，整体的熵增加了。这个让能量带着有序进入，带着无序离开的过程，就是生命的新陈代谢，就是薛定谔说的生命以负熵为食。但这种状态注定不可持续，生命抵抗熵增的能力，会不可避免地减弱，直到被熵的洪流淹没，迎来死亡。

这个结局听起来很绝望，很悲观，但《三体》的作者刘慈欣在电视采访中说过这样一句话:"世界末日也好,宇宙末日也好,我不认为这些东西是悲观的。因为必然会到来的东西,肯定不是悲观的。""必然会到来的东西,肯定不是悲观的。"这句话振聋发聩。

一个人最大的成功就是,改变了能够改变的,接受了无法改变的。每个人都知道自己一定会死,但并不是每个人都接受得了这一点。知道和接受,是完全不同的两种状态。为什么所有的宗教都在许诺一个死后的世界,所有的哲学都在寻找人生的意义?因为前者可以让人无惧死亡,后者可以让人无憾此生。它们所做的一切无非是在给人类寻找一个坦然接受死亡必然性的理由。

为什么很多宗教都喜欢宣称信则有,不信则无?因为只要你信了它所承诺的那个既无法证明又无法证伪的"死后世界",内心对死亡的恐惧就会被驱散,至于这个承诺有没有用、能不能实现,根本不重要,因为"相信"本身就已经让你能够坦然接受死亡。但对大多数既无法被这些承诺"洗脑"又尚未洞悉深刻哲学智慧的人来说,"接受死亡的必然性"是一个极其困难的任务,所以又衍生出了一个次级需求:"在解决这个问题之前,尽量回避这个问题,尽可能深地把头扎进欲望的流沙。"

前者构成了人类的精神世界，后者构成了人类的物质世界。

这种次级需求推动了生产力发展，极大地丰富了物质世界，但精神世界却停滞不前，千疮百孔。越来越多的人开始迷茫，开始失去意义，生活变成一团乱麻，彻底丧失了对自我的掌控权。今天，每个人都不得不面对各种各样难以压抑的欲望，日复一日，疲于奔命，这些东西就像黑暗里的一道强光，在带给人短暂希望的同时，又刺得人睁不开眼睛，看不清前方的路。每个人都会死，但不是每个人都真正活过。而真正能到达目的地的人，无一例外都学会了在伸手不见五指的夜里摸黑儿赶路。一个人只有深刻理解并接受了死亡的必然性，才能将欲望流沙中的无序收敛为有序，才能在一大堆随机的噪声中聚沙成塔。

人的每一个行为是否有意义，每一个选择是否有价值，只有在坦然接受了"我必将死去"的前提下，才能真切地看出来。在这种"接受"的状态下，一切价值和标准都会变得清晰无比，一切自我欺骗和人云亦云，都会烟消云散，不攻自破。有必死的觉悟，才会长出不为外物所动的坚决，才能在生命这场明知不可为而为之的逆熵而行中，爆发出自身最大的潜能，真正掌握自己的命运，奔向内心的光明。

涅槃重生

什么是真正的涅槃重生？一个人生意失败负债千万，每天在家熬着拖着，结果中了一个亿的大奖，是涅槃重生吗？一个人感情受挫痛不欲生，每天醉生梦死，结果对方突然回心转意，是涅槃重生吗？都不是。他们只是侥幸熬到了事情出现转机，拖到了问题自行消退。就像一个守城的将军，一直躲在被窝里瑟瑟发抖，结果天降陨石，把敌人全砸死了。

他们也许会说出一些劫后余生的"胜利感言"，比如"杀不死我的会让我更强大"，"我看待一切的感觉都不同了"，但这些，只是人在逃出生天如释重负之后产生的一种虚幻的"大彻大悟"感。他们所有的希望，所有的安全感，依然寄托在"下次不会再发生了"的幻想上，他们根本没有走出过困境，而是困境暂时离开了他们，只要再次负债、再次失恋，就会重新陷入比之前更深、更彻底的绝望。他们并没有被"无罪释放"，只是审判的时间延后了。

再来一次，事情会有好的不同才叫胜利。"涅槃重生"指的是，你不但坚持了下来，还在这个过程中升级了内核；不但重新拥有了生活的希望，还获得了免疫绝望的能力。之前的事就是再发生十次、一百次，你也不会重新陷入绝望。

绝望感表面上源于自己曾经受过的创伤，但实际上，是源于对"掌控感"的过分追求，是对自身傲慢的必然反噬。这个惩罚机制非常精确，它会为你长出的每一寸傲慢量身定做，自动延长，抱着这种追求一秒钟，折磨就会多延续一秒钟。

经常悲观绝望的人都有一个共同特征，那就是，当他们觉得一切都毫无希望的时候，就真的相信一切已经毫无希望了。发现这里面的逻辑问题了吗？他们一边对自己彻底失去信心，一边又坚信自己，可以算无遗策，精确地预判出那个必然崩坏的结局，这本质上是一种傲慢，是在代表造物主判自己死刑，如果你不想真的被自己处死，就应该立刻从他的宝座上下来。

你怎么知道一定不行？你都这么不自信了，凭什么唯独坚信，事情一定会恶化？凭什么因为自己看不到希望，就认为真的没有希望？没有人可以参破天机，预判出一个必然的结局。任何人都不行，就算全世界的人异口同声地告诉你"真的没希望了"，也没用，不要因为人类无法凭着自己的智慧而生存就绝望。妄想着自己能够预判未来，就必然会被卷入绝望的旋涡，承认自己没有能力预判哪怕一刻的未来，自然就会摆脱绝望。

涅槃重生的前提，是一个人开始残酷地自省，丢掉傲慢，生出敬畏之心，诚恳地接受，我唯一知道的就是我一无所知。从认为自己绝对正确，到开始理解世界的复杂性，不再认为"我看不到希望就是没有希望""我看不到问题就是没有问题"。从担心"丢了面子""被人笑话"，到主动把自己暴露出来让别人批评，让别人指出问题，主动向那些预言过自己失败的"恶人"请教，不再坚持"我不认同的就是错的""我认同的就是对的"。从小心翼翼捧着自己的"自尊心"，到把它狠狠摔在地上。然后发现，摔碎的并不是自尊心，而是虚荣心。虚荣是傲慢的燃料。不打碎虚荣，就不可能放下傲慢，生出敬畏。

这个破茧的过程相当痛苦，但它是唯一的生路，是人生必须完成的一项任务。没有经过这一关的人，他们所有的希望，严格来说，都不算是建立在沙滩上，而是建立在一颗炸弹上。他们所有的努力仅仅是在每一次被炸之后手忙脚乱地包扎止血，然后继续等待下一次被炸。一个人的自省越深刻，就越能看清自己之前有多傲慢、多狂妄，然后惊出一身冷汗，因为你会发现，按理来说，自己本该在更早的时候就掉入更深的困境，今天的一切实属幸运。这种反省本身就是一种治愈，一次内心的重建，一项必须完成的"拆弹工作"。直到你开始将一切意外视为一种机缘，将一切失去视为一种获得，不再抱怨"这件事为什么发生在我身上"，而是开始思考"这件事到底想教会我什么"，才算是离开了这条直通地狱的路。

人在学会敬畏之前，所有的"重生"和"变强"感，都是一种幻觉，一种短期内就会失效的精神安慰剂。没有谁是绝对的强者，众生皆苦，是人皆弱。唯一相对强一点的人，就是那些对"敬畏之心"理解更深刻的人。弱小和无知不是生存的障碍，傲慢才是。承认自身的弱小，不是懦弱，而是一种勇敢，是一次真正意义上的涅槃重生。

孤独是最终的救赎

强者都很孤独，弱者也是，但只有弱者才会在意自己是不是孤独。强者没几个朋友，弱者也是，但只有弱者才会误以为自己有很多朋友。

为什么人要经历几次大起大落，才能变得透彻？因为只有见惯了身边的人像鱼群一样，随着自己财富和地位的起落，聚了又散，散了又聚，才能意识到，人生的常态，不是虚张声势的喧闹，而是风平浪静的孤独。

每一次低谷的重新站立，都只是在海里抓住了一块木板，只是一次来之不易的喘息之机。木板并不能带着你到达彼岸，因为世上本无岸，所谓岸，只是那些抓着木板喘息的人，共同编织的幻觉。你必须在木板被下一个巨浪卷走之前学会游泳，否则就会再次沉下去。苦海无涯，唯有自渡，任何人包括你的父母、爱人、朋友可能都成不了你的避风港。强者并不是那些上了岸的人，而是那些趁着喘息之机学会了游泳的人。

当你彻底放弃了上岸的幻想，意识到学会游泳是一件无法回避的事，就只能放下一切借口，做出改变了。有准备也好，没准备也罢；有条件也好，没条件也罢，都只能一往无前，非化蝶不可了。

很多人一听到强者都是孤独的，就会觉得自己未来可期。其实不光强者孤独，弱者也孤独。人类的孤独就像一种与生俱来的残疾，这个世界上每个人都很孤独，孤独不是变强的原因，也不是变强的结果，它只是一个残酷的事实。孤独最深层、最本质的原因，是人类无法做到真正的感同身受。

你的伤口很疼，无论你怎么形容，别人没有你的伤口，就不可能理解你的痛苦。你向人倾诉自己一路走来的艰辛，他也只能根据自己有限的经历，去想象这个过程，尽量表现出感同身受。他们不是自私，不是虚伪，只是经历有限。

就像鲁迅在《而已集》里写的，"楼下一个男人病得要死，那间壁的一家唱着留声机；对面是弄孩子。楼上有两人狂笑；还有打牌声。河中的船上有女人哭着她死去的母亲。人类的悲欢并不相通，我只觉得他们吵闹"。在人的有限性之下，我们从最彻底的本质上，是没办法跟任何人感同身受的。

我们只能靠一些特定的符号，向别人传递自己的思想和感受，但这些符号的意义是模糊的、不确定的。我们很想把自己心里的宝藏送给别人，他们却没有接受这些宝藏的能力。我们既无法了解别人，也无法被别人了解，只能孤独地行走。就像走进一片沙漠，而沙漠的尽头，是另一片沙漠。

意识到这个残酷的事实并不是一件坏事，反而是命运最善意的馈赠。这意味着你的人生观被打上了一个最重要的升级补丁，意味着你站上了更高的维度开始俯瞰这个世界，理解这个世界。意味着你接受了孤独，获得了自由，活成了自己的样子。

你不会再抱怨朋友不理解自己，父母不理解自己，社会不理解自己，因为你明白了世界本来就是这样，本来就没有人能理解另一个人。你终于意识到，很多问题是不可调和的，自己必须学会跟这些问题和平共处，而不是解决它们。你不再需要浪费时间去追逐那些虚张声势的喧闹和刻意营造出来的感同身受。你不需要任何人的支持和理解，也不惧怕任何人的否定和质疑，因为你变成了自己最坚定的支持者，成了自己唯一的信仰。尺阔之溪，一跃可过。过了这个坎儿，往前就是天空海阔，大好河山。

曾经的一切都在肉眼可见地瓦解，你已经看见那个伸手不见五指的终局，你唯一可以控制的变量只有自己。你唯一能摆脱孤独的方式就是接受它。命运只留给了你一条路，你不得不走，而这条路，恰恰就是出路。

命 运

　　我们常说命运无常，也知道升学、恋爱、工作、结婚，每一步都是人生的巨变。但每一个选择的背后是什么？到底是什么促使我们做出这样那样的选择？你的潜意识指引着你的人生，而你称其为命运。

　　你所有的决定，都是潜意识做出的"合理"选择。而潜意识没法被清晰地感知，所以你会觉得，这不是"我"做的选择，是一种叫"命运"的外在力量在操控我。我从来不信命，因为我知道，当潜意识被改变，命运就会被改写。潜意识是什么？潜意识就是你大脑中神经元的排列结构。所有心理问题，本质上都是生物学问题。你的一切行为，都是大脑里无数神经元综合计算的结果，真正掌握你"命运"的，就是你大脑的生物学结构。

为什么有"三岁看大，七岁看老"的说法？因为大脑的神经元数量，七八岁之后就不再增长，二十岁左右，神经元的排列结构就基本定型。成年之后想要改变大脑结构，除了特定的手术和药物，只能通过对潜意识的挖掘和重塑。但这一点非常困难，所以罗曼·罗兰说，大部分人在二十岁就死去了，过了这个年龄，他们只是自己的影子，此后的余生一直在模仿自己中度过。

潜意识的重塑有两种方式，一种是长期有效的神经元刺激，一种是偶发的强烈神经元刺激。要么持久，要么猛烈。前者主要来自"读万卷书"，后者则主要来自"行万里路"。

但为什么有的人看了很多书，听了很多道理，还是没有任何长进？因为语言本身存在很大的局限性，语言和文字有时是一种比较低效的思想传递方式。如果说思想是一部 3D 电影，语言就是一幅平面画。而人生所有的快乐、痛苦，感悟、智慧都藏在细节里，很多道理背后的细节根本没法用语言描述，只能抽象成一句"大道理"。这些抽象的概念就像一张被转发了无数次模糊不清的照片，毫无细节可言。

一部美好的青春电影可以让人热泪盈眶。但真实的青春，除了莺飞草长和清风明月，还有夏天闷热的教室，高过头顶的习题，黑板上看不懂的各种符号，突然飞来的粉笔头和升学考试的巨大压力，所有这些模糊到想不起来的细节，才是你当年渴望长大的原因，才是那一刻真实的你。缺失了这些细节，你的大脑就没法儿准确地感知什么是"青春"。

改变你大脑神经元排列的，是道理背后的每一个细节。真正让你兴奋的、让你恐惧的、让你半夜惊醒的，是人生里时时刻刻和你相处的细节。如果你没有经历过三十岁焦虑到失眠，找不到烟的崩溃，又怎么能理解十几年前听到的那句"少壮不努力，老大徒伤悲"？如果你没有经历过躺在病床上大小便失禁的窘迫，又怎么能体会健康的宝贵？

既然我们必须靠亲身经历才能了解一件事，必须吃一堑才能长一智，那么"读万卷书"的意义又在哪里？有没有可能通过别人的经历和书上的道理，来感知这些细节，从而改变大脑结构？有可能。事实上，厉害的人都是这么做的。王小波说，"别人的痛苦才是艺术的源泉。而你去受苦，只会成为别人的艺术源泉"。

虽然说语言是思想的边界，但想象力可以越过这个边界。深度思考的本质，就是通过想象力对道理背后的每一个细节不断模拟和感受，获得和亲历者一样的大脑结构升级。跟飞行员用模拟机练习飞行是一个道理。没有深度思考的读书没有任何意义，单纯的记忆增加，相当于往手机里存照片，深度思考才是手机处理器的升级。

每一次深度思考带来的醍醐灌顶、恍然大悟，都是大脑里原本孤立的神经元产生连接带来的瞬间通电感。深度思考的能力，就像一把手术刀切开你的大脑，勾勒里面的纹路，从解剖结构上，彻底改造你的大脑，重塑你的潜意识，修正你的行为逻辑，最终改写你的命运。

最丧的活法就是还没追求就已经放弃，还没成长就已经衰老，还什么都不明白，就已经什么都不相信，还有大把的时光却把它交给"命运"。那些特别想要"回到过去"的人，都默认了一个前提，保留现在的记忆。其实就是想回去开挂作弊，带着现在的记忆回去降维打击。

问问自己，如果回去的条件是，清空后续时间线上的记忆，彻底还原大脑结构，快乐痛苦，生离死别，原封不动再来一遍，你还愿不愿意回去？如果你说愿意，那么从现在开始，就请认真过好每一天。就装作此时此刻的你是刚刚清空记忆，从四十年后回来，想要重新感受辜负过的每一个清晨和每一个拥抱。

战胜拖延症

拖延会摧毁你所有的天赋，要么命令自己击败它，要么看着它夺走你的人生。没有人能为你的未来买单，要么把自己逼出最大潜能，要么烂在社会底层的泥沼里，这就是生活的真相。

诸葛亮给了你三个锦囊，分为上、中、下三策。上策是现在立刻放下手机，从此远离一切享乐，每天除了工作就是学习，坚持十年，你的人生会彻底改变。中策是每天抽两个小时学习，一年精读三十本经济学著作，坚持五年，你的能力会有很大提升。下策是继续对着手机傻笑，带着上一个视频的醍醐灌顶，继续刷下一个视频，再点个外卖，给幻想中那个即将奋发向上的自己一点奖励。你知道自己应该选上策，但你的身体毫不犹豫地选了下策，因为下策对当前的你来说最有利。

很多人认为，决策可以支配身体，就像古代的皇帝，只要发号施令，所有人都会无条件服从。事实上身体不可能无条件服从决策，它有自己的想法。皇帝也不可能无所顾忌，他必须不断制衡各个派系，代表大多数人的利益，才有可能实现自己的意志。

这个权力的制衡过程，跟我们的行为逻辑一模一样。每个人都可以抽离出两种角色：决策者和执行者。决策者的职责，不是告诉执行者该做什么，而是要搭建一套规则体系，让执行者不得不做。执行力的根源不是思想的发号施令，而是身体的权衡利弊。

人在任何时候都会遵循趋利避害的行为逻辑，做出的任何行为都是权衡利弊之后的结果。面对众多行为选项，我们总是会执行那个"当前最有利"的，而不是那个"决策者最希望"的。这种执行和决策的错位现象，就是我们说的

"拖延"。

古代的攻城战，顶着箭雨踩着云梯拼命往上爬的士兵，真的不怕死吗？怕，但更怕下面专门斩杀逃兵的督战队，被督战队杀死是白死，冲上去是战死，家里有抚恤金。万一侥幸活了下来，就是"先登"大功，直接翻身逆袭。所以一个个普通人权衡利弊之后，都变成了视死如归的"先登死士"。

有人说拖延的根源是恐惧，是害怕面对要做的事。但为什么很多事拖到不得不做的时候，又可以迅速完成？难道是恐惧突然消失了？其实根本就没有什么恐惧，一切都是行为机制的价值选择。之所以会拖延，是因为拖延的损失太低；之所以会在最后节点前行动，是因为随着时间流逝，损失的预期逐渐增大，突破了价值平衡点。拖了两个月的暑假作业，可以在最后三天写完；拖了一周的工作，可以在最后一天干完，只是因为完成不了的损失太大。

在我看来，"拖延"简直是这个宇宙的基础定律，任何物体都将保持静止或匀速直线运动，直到外力迫使它改变。这里的任何物体，也包括人体，"拖延"是人的本能，因为它是最低能耗状态。这个外力，就是另一种趋利避害的本能。你在休息，就会一直休息；你在玩手机，就会一直玩手机，直到外力出现，饿了，困了，着火了，地震了。

不要过于相信所谓的意志力，一般来说，理性只能控制我们 5% 的行为，剩下的 95% 由本能接管。很多人只会用这 5% 的理性去做事，剩下 95% 的时间无所事事。正确的做法是，用这 5% 的理性给剩下 95% 的行为设置规则，给本能戴上手铐脚镣。打败"拖延"本能的，只会是"趋利避害"的本能。

想早睡早起，又忍不住熬夜玩手机，就趁理智接管身体的瞬间，把手机关机踢进床或者沙发底下，然后躺下睡觉。如果没忍住，又找了出来。就趁理智恢复的瞬间，再踢进去，折腾十几个来回，你就真的困了。想晨跑，总是坚持不下来，就在早上卡好时间，一路跑步去上班。把"坚持不下来"这件事的代价变成上班迟到。真迟到了就认罚，罚得越重，下次跑得越快。

强者懂得用规则驾驭本能，用本能驱动行为，令行禁止，赏罚分明。就像一支军队，侵掠如火，不动如山，一路朝着目标狂奔，碾碎挡在前面的任何东西，真正掌控自己的人生。

生活这场比赛，懦夫从未启程，弱者死于途中，只剩强者继续前行。

有人头悬梁，锥刺股，佩六国相印；有人卧薪尝胆，三千越甲可吞吴。你为什么连五公里都跑不下来？因为背后少了一只饥饿的熊。老罗说，只有偏执狂才能生存，成大事者，不与众谋。人必须要极端才能脱颖而出，一个人必须要极致、纯粹，才会有力量，才会有穿透力。这个世界上，你唯一能依靠的，只有你的决意。既然总有人会赢，为什么那个人不能是你？

三十而立

二十多岁不成功，可以用"美好未来"激励自己。四十多岁还不成功，可以用"知足常乐"跟自己"和解"。最难的就是三十多岁，青春之后，认输之前。倔强让你跪不下去，生活让你站不起来。

三十而立，不是立业，而是一种人格的站立。不是到达一个物质坐标，而是到达一种心理状态。是一个不断向外张望的人开始回头审视自己的内心。从追求本能转变为追求本心，从身体的黄金时代过渡到思维的黄金时代。

三十岁就事业有成的人凤毛麟角，大多数人的三十岁恰恰是处在人生最窘迫、最艰难的时候。这会促使你开始对自己进行残酷的内省，思考那些一直以来认为是理所当然的道理，开始建立一套属于自己的对这个世界的理解。

　　三十而立，有三件事必须明白。第一件事就是学会保持饥饿。三十多岁老吗？一点都不老，显老最主要的原因就是发胖。为什么人到了三十多岁就很容易发胖？一方面是因为身体的基础代谢下降，另一方面是因为在各种求而不得的世俗欲望中只有食欲最廉价，最容易得到满足。生活中的压力大多数人只能通过放纵食欲来宣泄。但人类能天天吃饱饭，也就最近几十年的事，基因并不知道你现在可以随时打开手机点外卖。它跟以前一样，默认你吃了上顿没下顿，为了避免你被饿死，它会操控你吃掉远超身体需求的食物，然后把多余的能量转化成脂肪储存起来，三十多岁的堕落就是从发胖开始的，人是很容易自我暗示的，心灵的衰老往往从肉体的衰老开始。

　　而比衰老更可怕的，是思维变得迟钝。一个无法深度思考的人，往往是因为"没有保持适度的饥饿感"。吃得太饱会让大量的血液流向消化系统，导致大脑供血减少，变得迟钝，人也很容易感到疲倦。

吃"七分饱"，是为了用那"三分饿"交换更好的自己。人和动物最根本的区别，就是人会克制本能、克制欲望。保持饥饿，就是在跟自身的欲望对抗。保持适度的饥饿感，可以让人头脑清醒，思维活跃，产生很强的求知欲，在这种状态下，才更容易做到第二件事——保持学习。

很多人看书坚持不下来的原因有两个：一个就是吃得太饱，导致思维迟钝，还总犯困；另一个是不知道学了这些知识有什么用。

其实，学什么是次要的，学习最大的收获，恰恰在于学习行为本身。学习这个行为能不断强化你的学习能力，而学习能力才是信息时代最核心的能力。现在的知识革新太快了，上个月的平台规则可能这个月就变了。你就是把自己变成一本《新华字典》，也比不上一个 9.9 元包邮的 U 盘。大脑不是拿来储存信息的硬盘，而是 CPU，是信息处理器。

我们的一切知识都是在解决以往的问题中总结出来的。而社会发展越快，全新的问题就越多，只有极强的学习能力，才能以不变应万变。让你永远快人一步，一个新模式出来，别人需要一个月搞懂，你三天就学会。别人沉淀五年的行业，你一个月全部摸清。那么任何行业对你来说你都是"蓝海"。

在保持学习的同时，还需要做到一件事——敬畏概率。很多人努力了很久看不到结果，就会开始信命。命运是什么？命运就是因果的离散型概率分布。

比如，地里长出粮食这件事，看似人的播种、施肥、收割在决定结果，而实际上是阳光、降雨、土地、空气、昆虫等无数的不可控因素共同决定着事情的结果。任何一个不可控因素出现问题，比如蝗灾、旱灾、彗星撞地球，人类的"努力"就是无效的。

所以，不论你的努力多么艰苦卓绝，都不应该把成果当成理所应当。人的努力，在最终成果的构成要素中，所占的变量权重其实很低。努力只是为你赢得了一张奖券，有没有中奖，还得看抽奖结果。

永远不要过分强调努力，太用力的人走不远，太用力的人会过分关注结果，产生期望落差和自我怀疑。当我们不再抱着必然能得到某种结果的心态去做事，才能坦然接受可能出现的任何结果。真正低头赶路的人并不会觉得来时的路有多么坎坷，自己有多么努力，只是在偶尔回头的时候猛然发现，原来自己已经走了这么远。当你学会了敬畏概率就会明白，在不确定性中寻找确定性的最好方法就是，但行好事，莫问前程。

part **3**

自我疗愈

一切心理问题的解决方案：活在当下

时间操控术

我们通常认为，快乐的时光一定是短暂的。其实，你完全可以过得既快乐又漫长，每天开开心心却又度日如年。

回忆一下小时候的暑假，是不是每天都很快乐，却长得就像过完了一生？

反观现在，我们没有了小时候的快乐，时间却过得越来越快。

时间到底是什么？我们说的一年，指的是地球绕太阳一周。一秒呢？你可以说是秒表走了一格。但科学家认为这样不够严谨，于是将一秒定义成了这个概念：

铯 –133 原子基态的两个超精细结构能级之间跃迁相对应辐射振荡周期的 919631770 倍。

这一堆文字看着挺唬人的，其实重点就两个字："振荡"。所以你看，从古至今，从一炷香、一个沙漏到天体的运动、原子能级的振荡，不论我们如何来定义时间，本质上都是用一种运动来描述另一种运动。所以客观的时间并不存在，存在的只有运动，这就是狭义相对论里的"时空一体性"。

既然时间并不存在，为什么我们还能真切感受到时间的流逝呢？因为主观的时间确实存在，而且它就像一根面条，可以被拉长，也可以被压扁。

我们之所以觉得快乐的时间过得很快，一是因为你的快乐太千篇一律。就像你的手机里拍了很多一样的照片，系统会不断提示你删除相似图片，大脑也一样。如果你每天都过着一样的生活，哪怕你天天都很快乐，大脑也会自动压缩删除同类记忆，让你觉得快乐的时间过得特别快。二是太满足于快乐本身，对未来没有更多的期望。

而痛苦的时间过得慢这种感觉，其实就是逃离痛苦的强烈期望带来的。我们举个例子，比如说坐牢这件事，如果一个人坐了二十年牢，那么他对这二十年的感知一定是这样的：起初度日如年，中间过得飞快，快出狱的时候又开始度日如年。因为刚坐牢的时候，他的心里还来不及放弃对自由的渴望，所以每分每秒都在挣扎，都是煎熬，当然会度日如年。一年半载之后，当他习惯了牢狱生活，内心彻底没有了出去的期望，这时候时间就会开始飞速前进，直到他快要出去的时候，对自由的渴望重新占领心智，又开始变得度日如年。所以你看，即使是坐牢这么痛苦的事，只要你没有期望，只要你够麻木，时间也是可以过得飞快的。而出狱的前一天，虽然是他这二十年来最开心的一天，但并不妨碍这一天他度日如年。

所以说主观时间的快慢其实只和两件事有关：回忆和期望。

回忆能让你判断过去的快慢，期望能帮你调节现在的快慢，一个是让过去显得长，另一个是让现在变得慢。

让过去显得长，就是多做让你印象深刻又不重复的事情，人并不是活一辈子，不是活几年、几个月、几天，而是就活那么几个瞬间，可能是一次牵手、一段旅行，也可能是一次创业、一次背叛。记忆里这样的瞬间越多，你回头看的时候生命就会显得越长。而如果你这一生都在按部就班地生活，没有尝试过任何改变，那么等你老了，坐在门口晒太阳时，别人的目之所及皆是回忆，心之所想皆是过往，你就只能打瞌睡。

现在回到我们开头那个问题，为什么小时候一个暑假可以既快乐又漫长？因为那时候我们拥有很多的期望，比如考清华还是考北大？当科学家还是当宇航员？期望的程度和主观时间的速度成反比。当期望无限大，时间就会凝固成为永恒。就像有的人你只看了他一眼，却觉得整个世界都凝固了，这就是一眼万年。

为什么我们现在觉得时间一年比一年过得要快？就是因为大多数人正在对未来失去期望，越来越麻木，彻底麻木之后，十年八年也不过就是指缝间的事儿，一眨眼，这辈子也

就过去了。而对于有期望的人，三年五年，就可以是一生
一世。

所以想要时间走得慢一点，就要永远对未来抱有期望，
一个人最完美的状态，不是呼风唤雨，也不是纸醉金迷，而
是那句"愿有前程可奔赴，亦有岁月可回头"。

如何找到自己的热爱

也许你每天出入顶级 CBD，有漂亮的前台和耀眼的头衔，透过落地窗就可以俯瞰城市的繁华。也许你每天陪着客户出入各种顶级娱乐场所，灯红酒绿，纸醉金迷。尽管这些东西在不断暗示你自己很重要，但你清醒地知道，自己只不过是又浑浑噩噩地过了一天，没有任何成长。

你觉得这样的生活没有意义，自己又浪费了生命中宝贵的一天。更沮丧的是，你知道明天依然会这样度过。这时候你开始问自己，到底什么才是自己"热爱的事"？以前我和很多人一样纠结于生命的无意义，觉得我做的事都不是自己想要的。也相信这个世界上一定存在一件"自己热爱的事"。只要找到这件事，人生就有了意义，就能忘我地投入，释放所有热情，充满创造力。

高中的时候，我喜欢音乐，喜欢物理，喜欢写作。我和这些事都有过一段"轰轰烈烈"的热恋期，但结果是，我歌唱得一般，吉他弹得一般，量子物理看不懂，写东西也马马虎虎。当有人问我有什么爱好的时候，也只能说，没有吧。后来我才知道，自己弄反了顺序，世界上并不存在一件"自己热爱的事"能让人瞬间改变。一定是先有改变，先有忘我的投入，先有热情，才会有"自己热爱的事"。就像谈恋爱，只有你成为更好的自己，才有可能遇见那个"对的人"。如果你抱着一种"众里寻他"的宿命感，去寻找"自己热爱的事"，就注定不会有结果，因为答案根本不在外部。

寻找"自己热爱的事"不是一个类似寻宝的过程，不是一份新工作、一次创业、一段旅行就能被你挖出来的宝藏。它需要你停下来，向自己的内心探索。物欲横流的社会，我们每个人都难免被他人的价值观牵引，有时候自己还来不及思考，就被拥挤的人群裹挟着向前走。这个被推着走的过程，塑造了我们的"社会人格"。很少有人能扒开人群，停在路边，向内挖掘自己的"真实人格"。

你过去所有生命体验的总和，共同定义着你是谁。如果你大部分的生命体验都是被动参与，不是主动选择，就会感觉没有做自己，当你感觉没有在做自己，即使你做着一件很喜欢的事，也无法从中获得平静和满足。因为你的"真实人格"会不断告诉你：这不是我想要的生活！这时候不论你是向社会人格妥协，还是按照真实人格的指引，去做"自己热爱的事"，都不可能摆脱这种强烈的无意义感。因为这个问题的根源，不是你喜不喜欢现在做的事，而是你的真实人格和社会人格不兼容。不兼容就会不停地报错，不停地弹出对话框"这不是我想要的生活"。在这种情况下，无论你怎么尝试，无论你等多久，都不可能找到"自己热爱的事"。

你说我彻底砍掉社会人格，完全按照真实人格去生活行不行？几乎不可能。只有刚出世的婴儿、行将就木的老人和千古一遇的得道高僧，可以完全按照真实人格去生活。普通人不可能脱离社会，就像鱼不可脱于渊。我们需要的是真实人格与社会人格的融合。如果一个人总是压抑自己，总是在被动地应付外界，即使他能在现实中呼风唤雨，内心也会备受折磨。

如果一个人的两种人格充分融合，即使他在生活中总是做出服从的姿态，即使他遭受了很多毫无逻辑的苦难，他也是一个主动的、有力量的、活得通透的人。比如你问一个放羊的孩子，为什么要放羊？他会说，要赚钱。赚了钱就可以盖房子！盖了房子就可以娶媳妇！娶了媳妇就可以生娃，生了娃就可以让娃继续放羊！

这个故事乍一看，让人感到绝望。但如果放羊娃觉得自己活着的最大意义就是享受这种无忧无虑的生活，每天认真放羊，攒钱盖房子，那么他就是一个活得通透的人。通透是一种个人的状态，你日夜奋斗，感天动地，并不能证明你活得通透；你上班摸鱼，薅资本家羊毛，也不能说明你活得通透。每个人的境遇不一样，一个人正在做什么，怎么生活，只是一种表象。他的内在是否通透，是否快乐，只取决于他的真实人格和社会人格是否完美融合。当你融合两种人格真正成为自己，就会热爱生活，就会发现，所有的事都是热爱的事。

我们又何尝不是城市版放羊娃？我们上学是为了考大学，考大学是为了找工作，找工作是为了买房子，买房子是为了结婚生子，让孩子继续上学。这种一眼望穿的生活，为什么有人痛苦，有人却乐在其中？因为人生是一场修行，同样的生活里可以有不一样的人生。曾经有人请教慧海大师如何修行。大师说："饿了吃饭，困了睡觉。"那人又问："这么说所有人都跟您一样？"大师回答："不一样。他们吃饭时不肯吃饭，百种需索；睡觉时不肯睡觉，千般计较，根本不一样。"

一切都是最好的安排

有句话叫"一切都是最好的安排",但如果一个人失业、负债,又身患重病,你告诉他一切都是最好的安排,他可能真的会跳起来打你。

人生难免会有遗憾,我们经常会想,如果当初好好学习,如果当初没有放手,如果当初选择了另外一条路,也许就不会有那么多遗憾,但真是这样吗?有人采访过两百多位世界名流,有政界精英、商界大佬,还有明星和艺术家。只问他们同一个问题:"如果有机会回到二十五岁,你想改变什么?"结果发现这些成功人士,同样各有各的遗憾。

我们通常觉得是一个个选择改变了自己的人生，其实正是这一个个选择定义了我们的人生。你的气质里一定藏着你走过的路、读过的书和爱过的人。你做的每一件事、说的每一句话都在不断修正、不断定义你到底是谁。人生的起落就像股票的 K 线，你的每一次选择就是买入和卖出，它会让股价产生波动，但不会改变这家公司的真实价值。不论价格如何波动，均线走成什么样子，终究要回归价值，而这根均线就是你人生必经的轨迹，这个价值就是你内心深处渴望和认同的人生。你的每一次选择都是在跟这个世界进行交互，每一次试错和修正都在朝着那个你真正想成为的人靠近。

理论上，只要人的寿命无限长，就必然能成为自己想成为的那个人。比如，一个真正热爱音乐的人，无论他是家学渊源的清北学霸，还是颠沛流离的市井小民，只要时间无限长，最后一定会殊途同归走到音乐这条路上。前者也许衣食无忧，但在工作上他始终得不到真正的快乐。在无限长的时间里，他只会越来越倦怠，直到重新拿起吉他。因为在他内心深处，工作只是生存，音乐才是人生。后者可能经历了生活的窘迫，经历过万念俱灰，但只要时间无限长，终有一天他也会拿起那把落满灰尘的吉他，因为只有这样，才能让他在灰暗的人生中感到一丝光亮。

而现实中，我们不可能拥有无限的时间，这个世界的残酷之处就在于，不是每个人都能在有限的时间内找到自己的真实价值，大多数人终其一生都无法面对真实的自己。当年微电影《老男孩》能火遍全国，就是因为电影中两个落魄的中年男人拿起吉他改写人生的故事，是我们想做却又做不到的事。我们一出生就要开始迎接各种挑战，上学之后要备战各种考试，然后被消费主义洗脑，被物欲横流的世界所迷惑，被世俗价值观锁进牢笼，变成欲望的苦工。

　　我们不断努力赚更多的钱，想要财富自由。但财富自由的重点从来都不是财富，而是自由。如果一个人总等着财富足够再去追求自由，他就永远都不会获得自由。只会在时间所剩无几的时候，躺在病床上去反思这一切。然后发现自己穷尽一生去追逐的东西，其实都是过眼云烟。

　　马云说他这辈子最后悔的事，就是创建了阿里巴巴，退休之后他要当回老师。有人说他在作秀，我觉得不是，因为他的确是一位被互联网时代推上了巅峰的英语老师。而这句话去除所有的修饰词之后的主干就是，他是一位英语老师。创业成功只是他人生的波动，但再大的波动，也是波动，迟早要回归价值。

就像曹操即使不当军阀，在家种地，几杯小酒下肚，一样能写出"对酒当歌，人生几何？譬如朝露，去日苦多"这样的千古绝句，因为他骨子里就是个诗人。人生最重要的一堂课就是认识自己，我喜欢什么？我适合什么？我想要成为什么样的人？我想要过什么样的生活？而这些问题的答案就是你人生的意义，是你一切行为的基石。

寻找这些答案的过程会遇到很多困境和苦难，也许在当时你无法接受它们，但它们一定是对的，它们一定是为了教会你一些东西，从而让你更接近答案。人生的每一堂课都逃不掉，那些看似让你跌入低谷的选择其实一个都不能少，每一步都是通往真实自我的必经之路。人生是连续的，不是跳跃的。你想从 A 去 D，就必须先经过 B 和 C，哪怕 B 和 C 是两个大坑，也有它们的意义。因为不跳出 A，你永远看不到 D 的存在。只有当你真正理解自己、接纳自己，才会明白每一步都不可或缺，才会理解苦难的意义，才会发现一切都是最好的安排。

直面迷茫和焦虑

如何解决迷茫和焦虑？很多人告诉你，行动起来，去看书、去健身。看书和健身真能消除你的迷茫和焦虑吗？不能，它们只能消除书店老板和健身教练的焦虑。为什么你看书和健身的时候总是会陷入"间歇性踌躇满志，持续性混吃等死"、越努力越焦虑的死循环？因为你的动机是逃避迷茫和焦虑。如果做一件事的动机是逃避另一件事，必然无法长久。就像你为了放下一段感情，而开始另一段感情，注定不会幸福。

迷茫就像是漫无目的地开车，焦虑是前方突然出现了大雾。你担心前面有坑，就松了油门。这时候，如果有人说，加油，你可以的，努力冲过去，你肯定不会听，而是会靠边停车，考虑自己要去哪儿。但为什么迷茫和焦虑的时候，有人对你说"动起来，去看书，去健身"，你想也不想就照做？因为你太需要一个不用思考又看上去很正确的目标来逃避迷茫和焦虑了。

我们大部分的焦虑，恰恰是因为逃避焦虑而产生的，让你焦虑的一直都是焦虑本身。我们总是习惯用一个问题来掩盖另一个问题，用一个错误去纠正另一个错误，导致最初的问题永远无法解决。治愈迷茫和焦虑的良药，绝不是盲目地去做点什么，而是停下来放空自己。

宁可放空，也绝不浑浑噩噩地工作，浑浑噩噩地娱乐。你之所以迷茫，之所以疲惫不堪，是因为你心里很清楚，自己每天做的事毫无意义。迷茫让你焦虑，让你迫不及待地想要填满每一寸空闲，让你身心俱疲，陷入自我否定，进入更焦虑、更迷茫的循环。

我最迷茫、最焦虑的时候，一个人去了郊区的老房子，没有外卖、没有快递、没有网络、没有手机，也没有书，只有一箱方便面和几听牛肉罐头。彻底切断自己和外界的联系，只跟自己对话，跟自己相处。虽然几天之后，我发现自己比以前更迷茫、更焦虑，但区别是，这次我没有任何办法去逃避，因为没法刷手机或看书打发时间，只能面对。但正是我和迷茫、焦虑四目相对的时候才突然发现，它们也不能把我怎么样。就像一条拴着绳子的狗，你越躲，它反而越冲你龇牙咧嘴。但你要是阴着脸走过去解开绳子，它就会开始摇尾乞怜。

电影《这个杀手不太冷》中，小女孩问："人生总是如此艰难吗？"

杀手回答："总是如此。"

一开始我觉得，对小孩子说这样的话太残忍了，后来明白这是在帮她，因为再荒诞的电影也是有逻辑的，而现实通常毫无逻辑，比电影更荒诞。只有当你接受了"人生总是如此艰难"这个设定，才不会再为了尚未到来的艰难而焦虑。从今往后，任何事情在任何时间以任何方式出现，都影响不了你的内心。任你风起云涌，我自岿然不动。当你面对迷茫和焦虑时，不再选择逃避，而是和平共处。当你清楚地知道它就在那儿，看得见摸得着，但已经完全不受影响。即使你还是做着同样的事儿，工作、吃饭、社交、看书、健身，一切看起来没有什么不同，但是事情已经有了根本性的变化，你很清楚，你的每一个决定不再是为了逃避什么，而是有了清醒的认识之后做出的最好选择。

也许在别人看来，你仍然是你，没有什么不同。只有你自己知道，正是因为看清了这些东西，经历了这些变化，你已经不一样了。人还是那个人，但你的内核已经变得更高级。迷茫和焦虑是人生的常态，它们无法被解决，也无须被解决。

很多时候不是焦虑抓着你不放，而是你抓住焦虑不放。事实上，决定权一直在你手里。你不想被它影响，就可以不被它影响。迷茫和焦虑本身并不是问题，问题在于你对待它们的态度。"他强由他强，清风拂山岗；他横任他横，明月照大江。"（《倚天屠龙记》）

消除精神内耗

为什么我们看了很多停止精神内耗的方法，但就是做不到？因为"停止精神内耗"这个念头本身就是一种精神内耗。爱因斯坦告诉我们，"问题，不可能由导致这种问题的思维方式来解决"，就像你不可能左脚踩着右脚上天一样。

什么是精神内耗？一件难堪的事儿、一个难忘的人、一次"错误"的决定，总是让你悔恨不已。生病了怎么办？失败了怎么办？他不爱我了怎么办？总是让你充满恐惧。这些都是精神内耗，精神内耗的本质就是被已经消失的过去和尚未发生的未来反复鞭挞，自我消耗。表面看是因为想得太多，但实际上，这一切的根源都是现在的缺失。

我们可以回忆一下，为什么小时候很容易快乐，根本没有精神内耗？因为小时候你可以花一上午的时间对着一本漫画傻笑，可以花一下午的时间蹲在太阳底下看蚂蚁搬家，可以全神贯注地观察一块奇怪的石头、一朵好看的花，没有任何目的，不求任何回报，只是感受和观察这个世界。为什么成年人不容易快乐？因为我们总是在赶时间，我们翻开一本书，就开始期待自己变得深刻；跑两步，就开始期待自己瘦下来的样子；写一篇文章，就开始期待得到赞赏，再也无法停留在此时此刻，享受阅读、运动、表达这些事本身。

小时候我们坐公交车去学校，透过车窗就可以看到整个世界，而今天蜷伏在城市之下四通八达的地铁、林立在城市丛林中的钢筋水泥究竟为人们带来了多少幸福感？这个问题的答案，我们看一看早上六点地铁二号线上那些苍白茫然的面孔就明白了。

为什么佛说众生皆苦？因为一个人与生俱来的纯然状态，在成长的过程中会逐渐被外界的喧嚣打破，我们生命中出现过的那个真实世界会逐渐凋零瓦解，那些见过天堂的孩子会不可避免地被过去的悔恨和未来的恐惧吞噬，终日在地狱里游荡。

我们常说，人生是一场修行，但很少有人能说清楚到底什么是修行。修行不是吃斋念佛，而是吃斋的时候吃斋，念佛的时候念佛，不论是佛家的打坐、禅修，道家的呼吸、吐纳，还是正念、冥想，其目的都是让人把注意力集中在当下，从大脑营造的假象里跳出来，感知世界的真相。

这里面最简单的就是冥想，找一个安静的地方坐好，感受自己的呼吸，感受身体跟衣服的接触、脚跟地面的接触，当一个念头突然冒出来想要接管你的大脑时，你就停下来细心体会它，不抗拒，也不妥协，只是默默观察。

这时候你是谁呢？你既不是这个念头本身，也不是那个暗中观察它的意识，你变成了一个通道，任何念头都无法占据你的注意力，它们只是流过你的身体，你从一个痛苦的被操控者变成了一个平静的观察者，从你活着变成了你在看你活着。那些固有的认知开始松动，那些过往的悔恨和未来的恐惧，开始像塞塞窣窣的石块一样，从高山上不断碎裂、剥落。

这时候你就会明白，人只能活在时间里，而当下是我们在时间里唯一能存在的地方，没有事情可以发生在过去，也没有事情可以发生在未来，所有的事情都只能发生在此时此刻，生命所有的体验和意义都只能在当下展开。你的内心再无阻滞，整个宇宙都在为你闪烁，你唯一要做的，就是在庄严浩瀚的时空里，享受生命的宽广与深邃。

这种状态既可以叫"无我"，也可以叫"离苦得乐"；既可以叫开悟、得道，也可以叫禅定、心流，因为它们描述的都是同一种生命状态：活在当下。很多人认为，活在当下就是及时行乐，得过且过，是一种出世避世的心态，其实活在当下无关出世入世，它描述的只是一种人体最平衡、最充盈的能量状态。

为什么我们说，一个人越想赚钱就越赚不到钱，当他真正开始做一件事的时候，反而顺带着就把钱赚了？因为一个人只有沉浸在当下的真实里，才有可能看清自己内心的方向，才有可能领悟到一些超越自我的洞见，捕捉到一些创造的灵感，洞察到一些问题的解决方案，然后才有可能为社会创造价值，获得源源不断的财富回报。

"活在当下"这四个字，之所以总是沦为一句口号，主要是因为语言的局限性。千百年来，不同文化、不同地域、不同时代的智者们，穷尽毕生所学，也很难将这种生命的终极状态用语言精确地描述出来。因为语言是一种非常低效的信息传递工具，天然存在逻辑上的限制和形式上的边界。但它同时又是伟大的，语言就像一根指向月亮的手指，只要你不再盯着手指，抬起头，就可以顺着它的指向，看到背后的月亮。

原生家庭

有一次我去幼儿园给孩子开家长会，家长签到的时候，下意识地就填上了父亲的名字，我愣了一下，在意识抽离的那几秒，我瞬间意识到，一直以来，自己内心深处从来没有真正完成从儿子到父亲身份的一个转换。

也正是这个瞬间，让我真正理解了父母。开始重新审视自己和父母、和孩子之间的关系。二十多岁的时候大多数人在想什么？能想什么？无非是满足自身的各种需求。孩子正是在我们满足自身需求的时候，被动地来到这个世界。即使有计划，也是父母的计划。难道有谁问过孩子的意愿吗？

有生育能力，不代表有教育能力。而原生家庭的教育，几乎决定了孩子的一生，一个国家所有的父母，决定了这个国家的下一代、决定了国家的未来。但父母这么重要的岗位，竟然不需要学习，有生育能力就能上岗。我们总以为自己在教孩子成长，其实是孩子在教我们成长。大多数父母自己就是孩子，本质上就是两个大孩子生了一个小孩子，三个孩子过家家。我们以为自己一直在付出，其实一直在索取。同事的孩子上补习班，自己的孩子也必须上，跟同事买了一个包自己也必须买，这两件事没有本质的区别，都是满足自己的需求。孩子从来都在负担不属于他们的东西，就像当初未经孩子同意就被送来这个世界。但只要孩子反抗，我们就会说"我都是为你好"。扪心自问，真的吗？

　　我们该如何定义好？如果孩子想要的好和我们想要的好不一样，那么到底哪个才是好呢？有标准吗？你非要让他成为你的翻版吗？家里是有王位要继承吗？孩子不是失败者实现梦想的彩票，也不是自己大号练废之后重开的小号。就算你们想要的好一样，你又怎么能确定你想让他做的和你实际表达出来的，和孩子真正理解的以及孩子实际做到的，这四步都能完美传导呢？能不能做到表达观点的时候，不掺杂任何负面的情绪，导致目标产生偏差？一个价值观问题，一个沟通问题，就是大多数家庭教育问题的症结所在。而这一切问题，本质上都是父母的认知问题，跟孩子无关。

我们总是喜欢强调动机的合法性，却总是忽略方法的正确性。父母的爱是真的。孩子的委屈也是真的。不健康的原生家庭，能把一个心智健全的孩子生吞活剥。我们在新闻上看到了跳楼的学霸，却看不到更多表面光鲜内心满是创伤的孩子。他们懂事之后，需要消耗大量的心力和时间去消化代谢掉原生家庭堆积在他们体内的负能量。父母的爱是伟大的，不代表父母也是伟大的。

父母有两种，一种成为孩子一生的榜样，一种让孩子知道，永远不要活成他们那样。不健康的原生家庭对我们的影响会产生两个极端。一个极端是重复上一辈的观念和问题，或是竭力避免上一辈的观念和问题。如果一个孩子从小遭到家暴，长大后他可能就会经常对妻子、孩子大打出手，成为施暴者，因为他就是这么长大的。另一个极端就是，完全不对孩子动手，特别惯着孩子，不想让自己受过的苦在孩子身上重现。这两种极端都会影响到他的再生家庭，而他的再生家庭，就是孩子的原生家庭，这就是原生家庭对再生家庭的影响，一代人对一代人的代际传承。

什么样的孩子能破局呢？叛逆的孩子。在父母认知很高的家庭里，乖巧听话的孩子往往更有出息，因为父母的意见大多是对的，性格叛逆的孩子容易走上歧途。而在父母认知不足的家庭里正好相反，乖巧听话的孩子往往没什么出息，因为父母的意见大多是错的，反而是性格叛逆的孩子才有可能破局。这种叛逆不是指打架逃学，而是有主见、有独立的想法，敢于质疑大人口中的"老话"。这样的人受原生家庭的影响要小一些，更有机会打破这种代际传承。我们了解原生家庭的影响绝不是为了将所有的错都甩给父母，不是为了给失败者一个毫无意义的心理安慰，而是为了找出这些影响，剔除这些影响，避免让孩子继续受到影响。

莫言在演讲中回忆自己的母亲：年少时，我曾经和母亲一起去拾麦穗，结果母亲被看守人扇了一耳光。很多年后，我和母亲再次与看守人在集市上相遇，他已经是白发苍苍的老人。我想过去报仇，却被母亲劝住。母亲说，儿子，那个打我的人，与这个老人，并不是同一个人。我们的父母又何尝不是呢？每个人都有自己的局限性，时代的局限性剥离掉父母这个伟大的角色，他们跟我们没有区别。人这一辈子，谁不是第一次当父母啊！你父亲当年骑着二八大杠，后座上的幸福，比今天你奔驰副驾上的幸福还要纯粹。但你的出生改变了这一切，让一个孩子变成了父亲。转眼过去你三十而立，那个白发苍苍的老人，也已经不再是当年的那个年轻人。

当你某天突然在孩子的家长会上，理解了父母当时的处境，接受了他们的认知局限性，原谅了他们的某些过错，你就饶恕了过去的那个自己。当你不再去抱怨原生家庭的种种不幸、当你明白自己性情中那些负面的东西来源于哪里、当你学会了与这些负面的东西和解并且慢慢去修正、当你学会了理解和原谅，开始用心去改善这一切时，你就会发现，人生，才刚刚开始。

聪明人的三个特征

真正的聪明人一定有这三个特征。

第一，很难快乐。其实生活有时候就跟做手术一样，你非得挨这一刀，非得流血，聪明人就是那些不愿意打麻药的人，他们什么都知道，但是和不知道的人一样无能为力。既没法像普通人那样知足常乐，难得糊涂，又无法改变；既能感受到真切的痛苦，又喝不下缓解痛苦的心灵鸡汤。就像一个养蚕的农民，虽然生活比较清苦，但是也知足常乐。直到有一天，他读懂了"遍身罗绮者，不是养蚕人"，他就很难再真正快乐起来。

第二，解构一切。越是聪明的人，解构倾向就越强，很容易思考这有什么意义，那有什么意义。而人世间美好的东西一旦被解构，往往就会失去美感。美食有什么意义呢？不过是碳水化合物、蛋白质和脂肪的不同配比。爱情有什么意义呢？不过是基因为了延续设定的奖赏性激素在操控大脑。要是这样解构的话，你很快就会发现人类的存在都没有意义，就会陷入虚无主义。

事实上，当一个人开始反复对存在和意义进行解构，那么他最后一定会碰到一个边界。边界之外要么交给信念，要么交给信仰。如果两样都没有，就会陷入虚无主义。古罗马的思想家奥古斯丁说过："人必须给理性划出一道边界，把边界以外交给神才能幸福。"牛顿就是这么做的，他走到了他所处时代的科学的边界，然后把边界之外交给了信仰。而我们作为无神论者，只能把边界之外交给信念。但信念还真不是每个人都有的，它的外在表现就是聪明人的第三个特征：少年感。

"故天将降大任于是人也，必先苦其心志，劳其筋骨，饿其体肤，空乏其身，行拂乱其所为，所以动心忍性，曾益其所不能。"《孟子》中的这段话虽然被很多人用来激励自己，但真正理解的人并不多。这句话不是说只要你受了很多磨难，就一定会走上人生巅峰，它的重点在，"动心忍性，曾益其所不能"。正确的理解是，如果你经历过生活的苦难，也经历过虚无主义的迷茫，但你没有迷失，那么你就能在这个过程中找到真正的信念，变得强大。

三十岁左右开始，一部分人在世俗中迷失，特征就是整个人开始变得"油腻"。一部分人在虚无主义里迷失，特征就是丧失斗志，每天混吃等死，他们可能永远都没有办法到达"动心忍性，曾益其所不能"这一层。

我们总是习惯说一个人聪明通透，但聪明其实并不一定就会通透，聪明只是通透的必要不充分条件。事实上只有极少数的聪明人能找到信念变得通透，这些人的特征就是，永远保持着少年感，内心柔软丰盈，眼睛里永远有光——这就是看清生活的真相之后，依然热爱生活；这就是所谓历尽千帆，归来仍是少年。

悲观的乐观主义者

　　从最早的"草根"，到现在的"打工人""小丑"，这些称呼我觉得恰恰表明今天的年轻人比他们的父母年轻时更清醒也更幽默。清醒的是他们对很多事儿不再抱有幻想，幽默的是他们选择了一种最无害的发泄方式——自嘲。太阳底下从来没有过新鲜事，人性没有变过，世界没有变过。今天我们遇见的大部分的事情都能在史书上找到原型。唯一不同的是，由于信息大爆炸，人们接触到了太多求而不得的东西。本来或许可以知足常乐，难得糊涂。但现在只要你打开手机，一座座海市蜃楼就在眼前挥之不去。

古人说，三十而立，四十不惑，五十知天命。但现在多少年轻人二三十岁就被迫知天命了。海量的信息让他们越来越清楚地了解到，自己的上限在哪儿，也接受了有些东西生来有就有，生来没有这辈子基本上也就不会有了的一个现实。但你能说今天的年轻人不努力吗？他们比任何年代的人都要努力，因为想要的东西实在太多了，只是很多时候拼了命，结果还是一无所获，想放弃又不甘心，于是陷入了一种集体性的焦虑。

为了缓解焦虑，只能重新自我定位，降低自我认同，这就是社会学中的自我认同危机。他们开始自嘲，把自己藏在人群里，用弱者的姿态来获取安全感，毕竟相比被别人打脸，还是自己下手更知道分寸点，与其被别人嘲讽，不如"我嘲讽我自己"。

那这种幽默感是怎么形成的呢？人在生命危急时刻，大脑会分泌多巴胺和去甲肾上腺素，让你思维敏捷反应迅速，便于逃生。幽默和这种身体机能其实很像，只不过前者应对的是突发情况，而幽默是人在长期面对苦难的时候，大脑为了化解痛苦的一种自救行为。久而久之，这种行为成为习惯，就成了幽默感。比如，郭德纲年轻时很苦，在一个玻璃房间里被人展览，只是为了混一点演出费。后来，他在专访里说："我愿意给你当狗，你不要，结果我成了龙。"喜剧之王周星驰从小就住在贫民窟，母亲一个人养活他们姐弟好几个，也是从小看惯了人情冷暖，才练就了"金刚不坏之身"。

其实仔细观察，你很容易发现，但凡特别幽默的人，往往都经历过长期的身心痛苦和煎熬，所以我们说喜剧的内核是悲。而那些出身好，长相也好的男神、女神，几乎没有特别幽默的。当然，并不是说这种一帆风顺的人生不好，虽然幽默感是从苦难中淬炼出来的，但幽默并不是人生的必需品，苦难更不是。相反，我认为人世间最痛快的事莫过于少年得志。毕竟谁不想当个高冷的霸道总裁，谁不想年少有为不自卑呢！

萧伯纳说："人生有两出悲剧，一出是万念俱灰，另一出是踌躇满志。"这句话一开始我理解不了，直到后来我读到尼采说的："悲观主义是颓废的表现，乐观主义是肤浅的象征，悲观的乐观主义才是强者的态度。"

我恍然大悟，原来万念俱灰就是过于悲观，太颓废；踌躇满志呢，又过于乐观，太肤浅。那什么是尼采说的悲观的乐观主义呢？我觉得就是现在的年轻人既没有像日本的平成废宅那样无欲无求，也没有像西方的流浪汉那样醉生梦死。他们自称打工人，努力地活着。平凡中透露着追求，屈辱里带着点儿倔强。我认为这就是悲观的乐观主义，这就是强者的态度。

人生的意义

人生到底有什么意义，我们应该追求什么？大部分人会说，当然是赚钱，赚大钱。没错，人人都需要赚钱。但这个回答跑题了，我问的是目的，你答的是方法。就像你问我，放假了去哪儿玩，我告诉你坐飞机，坐大飞机。

赚钱是为了生活，但生活不是为了赚钱。赚钱终究只是手段，不是目的。只有当一个人找不到人生目的时，才会把手段当成目的，当成意义和价值本身。

成功学不断告诉你，赚大钱才是人生的意义。但它不会告诉你，钱的本质是对他人的支配力，而支配力是零和博弈。富有是相对的，人人都富有，意味着人人都不富有。把赚大钱当作人生意义，就从根源上注定了绝大多数人都无法"成功"。当你逐渐意识到这一点时，就会想寻找一个新的相对容易实现一点的人生意义。这时候，心灵鸡汤登场了。它告诉你，爱，旅途中的风景，一切好吃的，好玩的，一切体验，才是你生命的意义。你觉得很有道理，听得你热泪盈眶，但擦完眼泪又觉得好像哪里不对。

因为无论成功学还是心灵鸡汤，都只能帮你暂时逃避人生的无意义感。解决这个问题的正确方法，是让"寻找意义"的动机彻底消失。你说这不也是逃避问题吗？还真不是，因为问题根本就不存在！

从茹毛饮血的原始人到现代的登月宇航员，无论文明如何发展，对个体来说都是在用有限的生命探索无限的时空。在无限的时空面前，人会产生一种巨大的不确定感，而人类的基因又本能地追求确定性，这种天然矛盾带来的人生悲剧性，就是"众生皆苦"的根源。

苏格拉底说，未经审视的人生不值得过。如果人生有一项必须尽早完成的任务，那就是"重估一切价值"。没有完成价值重估的人，永远都是天真无邪的幼童。寻找"人生意义"的目的，就是通过重估一切价值建立起支撑生命内核的价值体系，来对抗无尽时空带来的虚无感和生存焦虑。

这条路伴随着无数怀疑和否定，如果你走得够远，会逐一排除金钱，友情，爱情，亲情，直到无路可走，终于在路的尽头看到一扇大门，上面写着两个字——"哲学"。但当你打开门却发现，尼采早就已经在那儿等你。他告诉你，"上帝已经死了"。

你不是因为什么意义才出生，你只是偶然来到这个世界。关于人生，你能确定的就是在未来的某一天，自己会突然死去。你无论怎样去努力，无论活得多精彩，也必将死去。没有别的选择，没有别的可能，这就是事实。绝望吗？绝望就对了，绝望是重生前的涅槃。你所有的信念都会在这一刻崩塌，也会在这一刻重建。

只有当你真正接受了人生也许毫无意义这个事实，自我意识才会觉醒，才能从寻找人生意义这个苦恼中解脱，才会真正开始思考那个最重要的问题：趁我还活着，我想做点什么？

人生没有那么神圣，没有那么多使命。你不是带着什么意义来到这个世界，而是先存在于这个世界，然后才被赋予意义。区别仅仅是，有的人被他人赋予意义，有的人为自己赋予意义。

这个世界，光怪陆离，车水马龙。有人追求金钱，有人追求权势，有人追求智慧，有人追求健康。但这些通通只是手段，不是目的。我们追求金钱，是为了不被金钱所支配。我们追求权势，是为了不被权势所奴役。我们追求智慧，是为了不被愚昧所禁锢。我们追求健康，是为了不被疾病所折磨。终其一生，我们追求的不过是"摆脱一切支配和束缚"，不想做什么就不做什么的自由。

很多人都认为自己在追求自由，实际上是在追求束缚。因为他们追求的不是"此时此刻的自由"，而是"在每一刻，都保有最大的未来自由"。比如，等我赚够了钱，就去做自己喜欢的事；等我优秀了，就去表白。这种想法的问题在于，人生是由一个个"现在"组成的，如果你一直用"现在的自由"去交换永远离你三个月的"未来更大自由"，就永远不会得到自由。人只能活在现在，"只有沉醉在生活之中，才能继续生活下去"。

《黑客帝国》里有一个镜头，一个反派正津津有味地吃着牛排，男主对他说："你的大脑泡在母体的营养液里，这里的一切都是计算机模拟出来的电信号，你正在一个并不存在的世界里，吃着一块并不存在的牛排。"反派边吃边说："我知道这块牛排并不存在，但我把它放进嘴里的时候，母体会立刻告诉我的大脑，它是多么美味多汁。"我们在"真实世界"感受到的一切，不也是大脑接收的一连串电信号吗？真实、存在、意义，该如何定义？重要吗？我们能做的，就是尽情品尝眼前这块美味多汁的牛排。虽然尼采说，一切都是虚无，但他还说过，"每一个不曾起舞的日子，都是对生命的辜负"。

我是谁

西方哲学有三大终极问题：我是谁？我从哪里来？我要到哪里去？今天我们就来回答这里面的第一问——我是谁？

要回答这个问题，必须先搞清楚，到底是什么东西定义了我。有人认为是身体，我的身体是我；有人认为是意识，我的意识是我，其实，身体和意识都不是正确答案。

身体理论很好证伪，你剪了指甲，少了根指头，断了一条腿，虽然肉体发生了变化，但很明显，你依然是你，即使你得了重病，更换了所有内脏、血液、皮肤和肌肉，别人也不会因为你的身体组织跟原来不一样了，就认为你已经死了。

而意识理论的证伪，需要用到哲学上著名的传送机思想实验——当人可以以光速被传送。

假设在未来，人类发明了传送机，从杭州出发去北京，只需要买票走进杭州的出发室，里面的扫描设备记录好你身体每个粒子的位置和能量状态之后，等离子射线会把你瞬间汽化，然后在北京生成一个完全一样的你。

你走出北京到达室的时候，没有任何不同，你的心情没有变，记忆没有变，肚子还是有点饿，膝盖上的瘀青也还在。你只知道，自己按下了出发室的按钮，还来不及眨眼，就到北京了。

直到有一天，你跟往常一样，从杭州去北京上班，你走进了出发室，也听到了设备扫描的声音，但当你走出门，却发现自己依然在杭州。你生气地找到了工作人员，要求他们立刻给你重新安排一间出发室，要是耽误了你在北京的重要会议，你可是要投诉的。

工作人员仔细查看了使用记录之后，如释重负地对你说："别担心，您的会议不会耽误的。"说着他打开了实时天眼，上面出现了你在北京会场的画面。你震惊了，你说："怎么可能，我明明还在杭州！"工作人员跟你解释道："扫描传送已经成功，'您'确实已经到了北京，只是摧毁程序出了故障，不过不用担心，您只需重新进入出发室，我们单独启动一次摧毁程序就好了。"

虽然你每天上班下班都会被传送设备摧毁两次，但这时候你慌了，你突然意识到一个问题，我被摧毁之后不就死了吗？你绝望地大喊，北京的那个人只是我的复制品，我才是真正的我！你们不能杀死我。

工作人员略带歉意地对你说："很抱歉先生，根据相关法律法规，在构造出一个新的身体之后，旧的身体必须被摧毁。"你惊恐地看着对方，还没来得及说点什么，就被两个面无表情的警卫拖向了出发室。

也许你在听这个故事前半段的时候，会觉得瞬间传送是个很酷的想法，但当故事进行到后半段，你也许就会思考，瞬间传送到底是一种移动的过程，还是一种死亡的过程？

虽然北京的你和杭州的你，不论身体还是意识，都是严格相同的，但你真的能在确认自己活在北京之后，坦然接受在杭州被摧毁吗？显然不可能，毕竟我们都能理解故事里那个还在杭州的"你"，被强行摧毁的恐惧。

因为我们知道，自己被摧毁之后，北京的那个"我"会继承我所有的社会关系，成为我朋友的朋友、我孩子的父亲、我妻子的丈夫，没有人会想起那个被摧毁的我，没有人会觉得我已经死了，包括我自己。

既然肉体不能定义我，意识也不能定义我，那究竟什么东西才能定义我？我们回顾一下刚才这个过程，已知从未进入过传送机的那个人是真正的你，即使你已经三十多岁，全身的细胞已经新陈代谢了好几个轮回，即使你的思想被生活、被现实不断打磨、不断改变，你依然是你，而一旦你被传送，你瞬间就不是你了。

也就是说，在你被传送的这个过程中，一定有一些很重要的东西失去了，正是这些很重要的东西，定义了你是谁，那么这些很重要的东西，究竟是什么呢？连续性。

一个 90 岁的老人，即使记忆力不好，老眼昏花，但他还是可以打开抽屉，拿出相册，指着一张自己 6 岁时候的照片，说："你看，这个小孩是我。"

他说得当然没错，因为定义我的不是相似性，而是连续性。如果相似性能够定义一个人的话，杭州的你和北京的你就是严格意义上的同一个人，但很明显，他不是你，因为你们之间没有连续性。

而这个 90 岁的老人和那个 6 岁的小男孩，尽管他们之间已经没有了任何的相似性，但他们之间的连续性是这个星球上任何两个生命之间都不具备的。

这个 90 岁老人可能不记得自己 6 岁时的想法，但他记得自己 89 岁时的想法；而那个 89 岁的人，记得自己 85 岁时的想法；那个 75 岁的人，记得自己 58 岁时的想法；那个 32 岁的人，记得自己 17 岁时的想法；那个 7 岁的人，记得自己 6 岁时的想法。

这是一条长长的不断重叠的由记忆、心理和物理表征组成的链条。就像一艘年迈的小木船，即使你已经修过它几百次，即使它的每一片木板都已经被替换掉了，它依然是你的那艘小木船。

　　生命就像皮亚诺曲线，处处连续，处处不可导。生活就像一个偌大的房间，里面有些东西是新的，有些是旧的，有些你知道在哪儿，有些你不知道，房间里的东西一直在变，而你既不是这个房间，也不是这个房间里的任何东西，你是这个连续变化的过程。你不是一组原子，而是一套告诉这些原子该怎么变化的指令；你不是一组大脑数据，而是一套不断深度学习自我迭代的算法；你不是一个事物，而是一个故事，一个不断发展的主题。

part

关于真相

4

洞悉人性，方能一通百通，一身兼万法

不要考验人性

为什么说不要考验人性？因为大多数时候我们是选择做一个好人，而不是本性如此。人性的光辉是主动把心里的野兽关进笼子。考验人性，就是非要拿一根撬棍破坏笼子不可，看看里面到底有没有野兽。

我很反感那种开着豪车"考验"路边女孩的视频。不论实拍还是演戏，它都是在放大人性的恶。更蠢的是，竟然真的有人主动找一个"高富帅"来考验自己的女朋友。用金钱去考验自己在乎的人，是最大的愚蠢。

为什么贫贱夫妻百事哀，穷山恶水出刁民？因为残酷的生活让人直面生存问题，很容易突破下线，不讲规则。你月入五万，捡到一千块钱会物归原主，因为那对你来说只是一顿饭钱。但对于一个月入五百的人呢？面对两个月的生活费他会怎么做？看似同一个选择，其实你们面对的考验根本不一样。我们赚钱的目的就是保护自己在乎的人不用受到金钱的考验，不用直面人性的残酷，而不是逼着他们变成圣人。

人对外界诱惑的承受力是有限的，本来她可能一辈子都遇不到超出边界的诱惑，但你偏偏要制造出来。然后站在道德高地上指指点点。"己所不欲，勿施于人"，圣人绝不会要求别人也是圣人，普通人却总是为难普通人。他没通过"考验"，你会说，果然不是真心的。通过了"考验"，你会想，过一段时间呢？如果面对更大的诱惑呢？考验往往出自怀疑，你怀疑一个人的时候，就会以预设结果为导向，用尽各种方法去试探，直到她表现得完全符合你的预期。

一个防摔的玻璃杯从半米高的地方摔下去，没事。从一米高的地方摔下去，也没事。你把杯子举过头顶摔下去，杯子碎了。你看着满地的玻璃碴儿，心想，果然不结实。可怕之处在哪儿？当你怀疑这个杯子决定考验它的时候，它就注定要碎。想测出一辆汽车的安全系数，只能撞毁它；想测出一个材料的拉伸系数，只能拉断它。只有突破了它的底线，才知道它的底线在哪儿。问题是你确定自己真的想知道吗？

"如无必要，勿增实体"，考验这个动作相当于量子"测不准原理"里面的观测行为。行为本身就是一个新变量，会对结果产生影响。你用尽全力也没能撬开理智的笼子，满意地走了，却忽略了笼子上留下的损伤和严重的变形。所有人都只关注"人性崩塌"的一瞬间，却没有人关注笼子之前"备受煎熬"的分分秒秒。歌德所说的"所有罪恶的念头我都有过，我只是没去做"，对有的人来说可能是，所有罪恶的念头我都有过，我只是没法去做。

不要对任何人抱有道德完人的期望，世上有两种东西不可直视：一是太阳，二是人心。每个灵魂或许都有善恶两面，凑太近了谁也没法看。也不要总想着撕破别人的伪装，所有的伪装表达的都是另一种真实。如果有一个人愿意在你面前始终戴着面具，那么你可以相信，这就是他本来的样子。与人相处，最重要的一条就是，论迹不论心。

人天生只有本能。小孩子饿了吃奶，困了睡觉，喜欢东西就抢，不给就闹。一切行为都是在满足自己，对善良和罪恶根本没有概念，所以孩子有时候天真无邪，有时候不经意透露的东西又让人不寒而栗。孔子的性善论、荀子的性恶论都不够全面，善恶观是后天教化的结果。人之初没有善恶，只有本能。就连善恶的标准也是针对群体利益而言，并随着文明的进程不断变化的。唯一不变的只有本能，不需要任何培养和训练，与生俱来。

"弱肉强食，适者生存"是生物进化的本质，从原始社会到现代文明，丛林法则只不过是换了一种存在形式。基因永远自私贪婪，会千方百计实现自己的欲望。很多时候，人类真正的自律、自觉是不可能的，就像你不可能薅着自己的头发离开大地。只有承认并接纳了人性的缺陷，才会对规则产生敬畏之心。

人类的伟大之处，正是理性对本能的克制，秩序对混乱的征服。本能给时间以生命，理性给岁月以文明。人生在世，最根本的智慧就是，放弃幻想，实事求是。

对错和利弊

幼稚的人执着对错，成熟的人分析利弊。很多人认为这句话是毫无底线、不择手段的代名词，实际上它只是一种哲学上的思维方式，是让你换一个角度更高效地分析问题。这句话的意思是，"你不能把一件事的道德判断跟一件事的可行性分析混为一谈"。它是一种分析问题的思路，而不是某个具体行为的指导思想。从利弊角度分析问题，能让人更理性、更客观地认知世界。对错在很多时候，不仅无法成为你评判问题的标准，反而会成为你认知事物的障碍，纠结对错毫无意义，从利弊的视角出发，很多事情会更容易理解，人们更容易做出理智的选择。

比如，我们通常认为蜜蜂是益虫，蝗虫是害虫，伤害蜜蜂是错的，消灭蝗虫是对的。如果你抛开对错的思维去想这个问题，就会发现蜜蜂之所以是益虫，是因为人类可以拿走蜜蜂辛苦采集的蜂蜜当作食物，这符合人类的利益。蝗虫之所以是害虫，是因为蝗虫会吃掉人类辛苦耕种的庄稼，这不符合人类的利益。总之，能为人类带来利益的就是益虫，是好的；会给人类带来损失的就是害虫，是坏的。我们在讨论好坏对错的时候，或许是在讨论利益得失。十个人欺负一个人是欺凌，一百个人欺负一个人也是欺凌，一百万人欺负一个人就是所谓的正义。哥白尼提出日心说，被罗马教廷审判并软禁，在当时就是"正义"，因为其本质就是当下大多数人的利益，而地心说符合当时绝大多数人的利益。

理解了这一点，就会意识到永远不要和人争辩，因为争辩毫无意义。人之所以会争吵，就是想要证明自己是对的，但对错永远是主观的，利弊在特定的条件下是客观的。争辩就是妄图用主观去影响客观，注定不会有结果。就像两个明星的粉丝之间无休止的骂战，双方都拼命想要证明自己喜欢的那个明星更优秀，结果除了互相拱火，什么都改变不了。因为哪个明星更优秀是一个客观事实，根本不以粉丝之间的骂战胜负为转移。

对错的标准建立在每个人的价值观上，而人类的价值观很难在一时间和谐统一，不同价值观的人关于对错的认知和定义完全不同，所以没必要去争辩对错。我们表面上争的是对错，本质上则是两种无法兼容的价值观之间的碰撞，是两个群体之间的利益争夺。很多时候即使你真的向对方证明了自己是对的也没用，因为人的本能是趋利避害，不是趋对避错。比如，开车的时候有人违规加塞儿，撞到了你，还探头跟你吵架。虽然你觉得自己没错，但也说服不了他。但如果这时候你的后排走下来三个彪形大汉，他可能就会停止争吵转为笑脸相迎。你可能无法说服一个人，但可以迫使他权衡利弊。很多问题无法解决，因为我们没有看到问题的本质，浪费了大量的时间在一些无关紧要的细枝末节上。

一个心智成熟的人，绝不会把时间浪费在无关紧要的对错评判上，而是会根据具体情况制定最优策略，采取措施解决现实问题。很多人之所以排斥"成熟的人只看利弊"这种说法，是因为他们认为只看利弊就意味着完全不讲道德。事实上，注意利弊的人反而比那些满口仁义道德的人拥有更清晰的道德价值体系，更敬畏规则。因为越是通过利弊思维解决问题的人就越懂得，一件事只有符合了大多数人的利益，才有可能让自身的利益最大化。

"度人就是度己"，赚钱的本质就是为他人提供价值，你能为越多的人提供价值，必然能获得越多的价值反馈。"君子喻于义，小人喻于利"，"利"指的是个人利益，"义"指的是大多数人的利益。人之道损不足而补有余，天之道损有余而补不足。史书上的治乱更替，斗转星移，就是天之道对人之道的修正，维护大多数人的利益就是正义的意义。

社交的本质

社交的本质是什么？为什么平时推杯换盏、称兄道弟的人，一旦开口借钱就会江湖再见？为什么满口两肋插刀的兄弟，真有了利益分歧恨不得马上插你两刀？你觉得困惑，觉得难以接受，都是因为没搞清楚社交的本质。社交的"交"，一般指交往，但转变一下思路，理解成交易，一切就解释通了。我们在社会中能交易的东西分为两种：内部价值和外部价值。内部价值主要是情感慰藉带来的认同感，外部价值就是社会资源。

交易认同感的双方在意的是，对方是谁？你们一起经历过什么？比如你的高中同学、大学室友、一起"开黑"的兄弟，相互的备注一般都是名字或者外号，比如"土豆""鱼头""小仙女"，我们通常认为，这些人才是真朋友。

交易社会资源的双方在意的是，对方是干什么的？能提供什么外部价值？比如，饭局上认识的各种大佬和社会人，相互的备注一定会体现功能性。比如，自媒体张总（广告费五折）、银行李总（贷款审批）、KTV 小王（果盘小吃无限送），我们通常认为，这些人不算真朋友。其实，交易认同感和交易资源只是交易标的物不同，并没有高尚和庸俗之分。只是这两种交易物不在一个维度，无法互通。事实上所有的社交问题，都是一方妄图跨维度交易而产生的矛盾。你觉得知心的好朋友不借给你钱就是不够义气，其实这是你妄图用情感认同去交易社会资源。你觉得自己给一个人花了很多钱，帮了很多忙，他还是不和你交心，是人品不行，其实这只是你妄图用社会资源去交易情感认同。

你想要真心，就应该用真心换真心。钱买不来真心，你想要钱，就用外部价值去换，别指望拿真心卖钱。为什么越长大朋友就越少？为什么本来关系很好的两个人，一个成功了就会疏远另一个？因为情感慰藉带来的认同感是有替代品的。一个人的认知越高，人格越完善，就会拥有越强的自我认同，就越不依赖情感慰藉这个外部渠道来获取认同感。一个人心智越不成熟，生活越不如意，才越需要通过外部来获取认同感。原本每天跟你吹牛喝酒忆往昔的人，在有了足够的自我认同之后，必然倾向于把时间花在社会资源的交易上，结交有更多外部价值的人，这时候如果你没有足够的外部价值，或者原有的价值下降，比如创业失败，你就会发现，他变了，变得人情淡薄。

　　这就是为什么有的人死要面子穷大方，有的人却可以放下面子赚钱。面子是什么？面子就是外部认同感，死要面子就是缺乏自我认同，只能向外部索取。自我认同足够的人，根本不需要向外部索取，那些总喜欢说"给我个面子"的人，通常都没有面子。真正有面子的人根本不用开口，面子从来都是自己挣的，而不是别人施舍的。有人以为参加了各种峰会，跟大佬拍了合照，握了手，留了联系方式，就是别人看得起自己，给自己面子。其实，这面子是给大家的，给他自己的，唯独不是给你的。不信几天之后你发消息，就会看见一个红色感叹号。人脉不是求来的，所有的嘘寒问暖、谄媚迎合，本质上都是没有资源的人想通过情感认同换取对方的资源，可是真正的大佬根本不缺认同。

确实会有一小部分认知不足的人，通过拆迁、中大奖等小概率事件拥有了较多的社会资源，但他们身边抢着提供情感认同的人早就排起了长龙。这个市场早就是一片红海，与其进去内卷，倒不如提升自己的外部价值。什么是外部价值？一个电商大佬爱听相声，你相声说得好就是价值。你知道他不知道的一些信息，也是价值。有些人努力提升自己的价值，有些人努力假装自己有价值。那些租豪车炫富，动辄说自己年赚几个亿的，就是为了伪装高价值，本质上就是欺骗。但这种伎俩，只能骗到一些低价值的人，收割下沉市场。

我们从小被教育，朋友多了路好走，在家靠父母，出门靠朋友，却从来都不提靠自己。而人脉的建立，只能靠自身价值，一切的社交技巧，为人处世之道，只是为了留住人脉。如果一个人特别有价值，但特别傲慢，他建立人脉虽然会很快，但流失也会很快。关羽智勇双全，但太过傲慢，强而不谦，刚而易折。而能力太差的人，谦逊也没有意义，谦而不强，人微言轻，很容易成为毫无存在感的老好人。只有强大又谦逊的人，才能快速建立人脉，又能长久稳固人脉。

但强大和谦逊很多时候又是对立的，就是那句"我也想低调，可是实力不允许"。能力太强的人很容易获得巨大的成绩，被成就感冲昏头脑开始膨胀。所以，谦逊是一个需要时刻去保持的状态，它能降低你的心理预期，让你在遇到"瓶颈"和挫折的时候更有韧性。另一个作用是，不会树敌太多，木秀于林，风必摧之。

所有的社交技巧，归根结底就两个字——"谦逊"。而谦逊的前提是自身的强大，梧桐花开，凤凰自来。最好的社交状态，金庸先生早就在《书剑恩仇录》里写过："情深不寿，强极则辱，谦谦君子，温润如玉。"

社交法则

为什么别人总是不把你当回事儿？因为从基因上讲，动物只会对那些能够伤害它们的事物表示顺从。做人没有成功的秘诀，失败的秘诀倒是有一个，那就是总想着让所有人都满意。这个世界总是存在一些无法调和的结构性矛盾，很多时候大家都没有恶意，但总会有人不满意，这是没办法的事。

生活中的矛盾有两类：结构性矛盾和摩擦性矛盾。两个人互相看不顺眼，非要打一架，这种本来可以避免的事叫摩擦性矛盾。两个人争同一个职位、追同一个姑娘，不是你赢就是他赢，这种没法避免的事，就是结构性矛盾。

我们说吃亏是福，说的是尽可能避免摩擦性矛盾，而不是让你在结构性矛盾面前当老好人。路边的小混混骂你几句，你不理他，看起来吃亏了，但规避了不必要的风险，所以叫福。工作中碍于情面，不敢争取自己的利益，无底线地妥协，这个叫傻。

你跟一个关系很好的同事竞争同一个关键岗位，这件事不是你不高兴，就是他不高兴，一定会有人不高兴。你赢得光明正大，他心服口服，也不妨碍他心里不高兴。因为他高不高兴，不取决于你能力如何，是不是光明正大，而是你有没有损害他的利益，抢走他的机会。事后你请他吃饭，陪他喝酒，跟他推心置腹，想要挽回关系，有用吗？没什么用。

人生在世，总有些必须得罪人的事，面对结构性矛盾，一定要有当仁不让、舍我其谁的魄力。该争取就要大胆争取，该拒绝就要大胆拒绝，利落干脆，千万不要拖泥带水。

这不是说完全不用理会别人的感受，场面上的事该做还得做，谦逊、礼节都是必要的，但永远不要妄想着做点什么就能挽回关系。你可以行君子之道，但心里必须明白，自己行得正、坐得端是一回事，别人喜不喜欢你，是另一回事。

为什么你对有些人掏心掏肺，问心无愧，他却总是对你心怀不满，一有机会就会给你使坏？答案也许仅仅是你比他强。他得不到的东西，你唾手可得；他高攀不起的人，你入不了眼。这种落差，让他时刻感觉自己是一个失败者，持续产生挫败感，不断降低自我认同，这就是你们之间的结构性矛盾。

很少有人会真心认可比自己强的人，如果不是利益驱动，大多数人更愿意跟一个比自己稍弱的人相处，相比变强，他们更愿意在弱者那里获取认同。你错了吗？没有。他错了吗？也没有。但事情就是这样，你再掏心掏肺，再以诚相待也改变不了。物以类聚，人以群分，相视无言，不如相忘于江湖。

心智成熟的第一步，就是永远不要迁就讨好别人，因为任何形式的讨好都毫无意义。豪车和普通车交一样的停车费，给停车场提供一样的价值，为什么收费员对豪车的态度更好？因为一个人对你的态度不单单取决于你可能提供的价值，还取决于得罪你之后可能产生的后果。

为什么任劳任怨的老好人总是被欺负，干得最多拿得最少？因为欺负你没有后果。你没有自己的原则和底线，就是在诱导别人践踏你的人格，试探你的底线。

你必须告诉所有人，在我这里，什么可以、什么不可以。如果有人触碰你的底线，就一定要让他付出代价，这不是睚眦必报，而是为了向所有人发出一个信号，触碰我的底线是有代价的。

博弈论里有一种非常简洁的人际交往策略，叫一报还一报。是几十位科学家，用六十三种社交策略程序，在重复囚徒困境中不断博弈，得出的最优解。这个策略只有七个字："善良、可激怒、宽容"。

善良，是首先向对方表达善意，选择合作，并且永远不首先背叛。可激怒，是当对方选择背叛时一定会采取报复行动。宽容，是只要对方重新合作，就会既往不咎恢复合作。

我们必须记住的是，永远心存善念。但同时也要谨记，不是所有人都值得你以善相待，不是所有事都值得你一再退让。一个人最大的修养，就是给自己的善良设置底线。没有底线的善良，只是借着善的名头衍生出来的讨好，是一种懦弱，是对自己的残忍，也是对恶的纵容。以德报怨，何以报德？你的善良，应该带点锋芒。

真正的高情商

为什么有些人认为，智商很高的人情商普遍比较低？因为大多数人都把情商窄化成了一种"让别人舒服"的能力。一个智商很高的人，只要他愿意，一定可以让别人非常舒服，只不过大多数时候他觉得对方不值得自己这么做。

智商高的人情商绝对不会低，因为情商本来就是智商的一部分。"情商"这个词，正确的叫法应该是"情绪智力"，是一种掌控自己情绪，识别他人情绪，让情绪为目标服务的能力。

高情商绝不是八面玲珑，让所有人都舒服，而是你想让别人感受到什么，别人就能感受到什么的一种情绪掌控力。你希望对方感受到你的真诚，他感受到了，所以你们建立了合作。你希望对方感受到你的愤怒，他感受到了，所以他不敢再得寸进尺。你希望对方感受到你的以直报怨，他感受到了，所以这辈子他都不敢再来打扰你的生活。

一个每天独来独往的数学系学生和一个跟所有人都能打成一片的社区"情报人员"，看起来后者情商更高，但也许前者想要的就是安静地做自己的事，他完全预判了别人对自己的评价，又默许了这种评价。因为在他看来，浪费精力去迎合那些对目标毫无帮助的人，换取他们口中"高情商"的评价，是一种人生的净亏损。

年轻最大的价值就在于，对生命中的一切事物都保有敏锐又炽烈的感知，有一种维护自身利益的彪悍。一个年轻人要是没有他这个年龄的意气精神，就必然有这个年龄的种种不幸。

很多年轻人捧着《高情商的 7 个表现》《成功人士说话技巧》迫不及待想要变得圆滑世故，变得成熟。但什么是成熟？真正的成熟是由纯洁长成的，而不是世故。世故是流于表面的东西，它走不进你的内心，世故没法让你成熟，它只能让你看起来成熟。

很多"过来人"的所谓"成熟"，不过是被磨平棱角，褪去锋芒之后的妥协，是一种精神的早衰和个性的夭亡。就像掉到地上的果子，看似熟透了，其实是被虫子咬烂了。

"理想的幻灭"和"自我的消亡"是这种"成熟"的标配，所以很多年轻人想要直接幻灭，他们试图跳过那些流血流汗的过程，绕过这条"弯路"直接幻灭。他们试图通过模仿"普遍幻灭"的过来人，来变成过来人。这好比想要在身上文满伤疤，来变成一名老兵。但最后真正杰出的，只有老兵，绝不可能是文满伤疤的演员。

叔本华写过这么一段话："一个年轻人，如果很早就洞察人事、谙于世故，很早就懂得如何与人交接、周旋，这预示着他本性平庸。相反，如果一个年轻人对世人的行为方式感到诧异和惊讶，在交往中表现得笨拙、乖僻，则显示出他有着高贵的品质。"

这段话遭到过很多人的谴责和质疑，因为对真相的揭露，总会刺痛很多人的内心。"人事"是什么？"世故"又是什么？它们只是人类社会积累下来的处理社会事务的规则，它们不是真理，而是经验；不是学识，而是技巧。

人类的智慧可以分为两种，一种是世俗智慧，一种是哲学智慧。世俗智慧代表了对既存价值体系的准确认识和对社会规则的有效利用。哲学智慧代表了对既存价值体系的全面反思和对根本人生问题的深刻洞见。

如果一个人过早地认同世俗智慧，确实有可能获得世俗意义上的成功，但他的哲学智慧必定无处栖身。他看起来八面玲珑，游刃有余，其实已经丧失了洞悉更高智慧的可能性。因为世俗智慧只是一种工具理性，是对既存价值体系的迎合，这种不假思索的迎合必然会让他在精神上丧失反思性和超越性，只剩下工具性和服从性，被既存的价值体系所同化，陷入欲望的钟摆。满足了就空虚，不满足就痛苦。

而"对世人的行为方式感到诧异和惊讶"，恰恰表现出了一个人对既存价值体系保持着批判性和反思性，拥有获得更高哲学智慧的可能。几乎所有伟大的哲学家都在试图培养人的哲学智慧，让人保有精神上的自由，因为这是终极人生问题的唯一出口。

《红楼梦》里说，女儿年轻时是珍珠，年长就变成了鱼眼珠子。其实每个人都一样，因为成长的过程就是社会化的过程，一个人的社会化程度越深，他就越认同这套规则，就越容易被转化成维护这套规则运转的螺丝钉，丧失人的自由本性，变成一颗沾沾自喜的鱼眼珠子。只有悟性极高又恰巧经过哲学智慧洗练的人，才有可能锻造出坚不可摧的自由灵魂，这种人千万里挑一，但只要出现，就注定会照耀世界。

真正的朋友

什么是真正的朋友？有人说朋友就是利益交换，你没有可利用的价值就没有朋友。其实，靠利益交换来维系的人，只能叫伙伴。有句话叫作：无钱莫入众，言轻莫劝人，待到成功后，把酒话初心。意思就是只要你成功了，身边自然会有很多的朋友。成功者身边确实会聚集很多的人，但这些人大多只是伙伴，他们的动机无非是趋利和慕强。你以为自己是在向上社交，但你其实是他们的功利性伙伴，这种社交本质上都不是在交朋友，而是在找合作伙伴。

人性饱含着自私，人与人之间的关系纽带如果仅仅是利益，就注定会产生分歧，无法长久。事实上，你越成功，你的伙伴确实会越多，但朋友反而会越少，因为成功一定是建立在认知提升的基础上。在这个提升的过程中，你会不可避免地失去那些原地踏步的朋友。所以，当你发现聊得来的人越来越少，很多想法无人可说的时候，别怀疑，你在进步。你的思维认知越高，能跟你共鸣的人自然就越少。强者不是爱独行，而是知音难觅只能独行。就像古代的君王，"溥天之下，莫非王土，率土之滨，莫非王臣"。但是他们真的没有朋友。

有人说朋友就是情感慰藉，只有一起经历过很多事才算朋友。其实，靠情感慰藉来维系的人只能叫故交。鲁迅在《故乡》里有一段描写，完美地诠释了什么是故交。"我小时候跟闰土亲密无间，过了几十年，再见的时候，我仍然爱着这个心中的美好的少年，亲切地说道：'闰土哥，你来了。'他就动了嘴唇，没有作声，然后态度终于恭敬起来，叫道：'老爷。'"小时候初读并没有什么特别的感触，直到前一阵再读才被文中那种巨大的悲凉感所震撼。

学生时代的友情看似美好，但你仔细回忆一下，保持联系的又有几个人，是不是每次转学、升学，都会有大批的朋友不再联系？即使有联系，大部分也只是勉强维系，成了朋友圈的点赞之交？所以一般的同学聚会，有能力的人不想去，没能力的人不敢去，最后只能聚起来一堆说话毫无营养、除了叙旧就是炫耀的人。其实，无论是学生时代的同学，还是初入社会时的同事，你们只是恰巧在某一个时空节点发生过交集，被动产生了交流，而朋友一定是需要自己主动去挑选的。

我们之所以会觉得小时候的打打闹闹也很美好，只是因为当时特别喜欢的玩具对现在的你来说不重要了。我发现很多人在三十岁之后就已经"死"了，之后的每一天，他们都是在模仿自己中度过。真正的友情比爱情还要稀缺，它既不是利益交换，也不是情感慰藉，而是思想的共鸣，灵魂的共振。想要长期维持一段友情，还需要跨越一个巨大的坎儿，就是人性。亲情有血缘来维系，爱情有繁衍的本能来触发，有婚姻来兜底，所以你会真心希望自己的亲人越来越好，希望自己的另一半越来越好，但唯独不会希望身边的朋友越来越好，起码不能比自己还要好。因为人重振自己的方法只有两种，一种是看着比自己卑微的东西聊以自慰，一种是看着比自己伟大的东西狠狠地踢醒自己。大多数人都热衷于第一种，面对第二种，他们先是找各种理由拒绝相信，到了实在无法欺骗自己的时候，就会把头埋进土里装死。他们永远只愿意在比自己卑微的东西里寻找优越感，舍不得踢醒自己，这种人永远都不会有真正的朋友。

什么才是真正的朋友？思想高度同频，并且真心希望对方越来越好。日常生活中几乎不会联系，不会刻意维系，这就是君子之交淡如水。两个人可能隔着山河大海，但无论过了多久再见面，也丝毫不会陌生和尴尬，感觉就像饭吃了一半，他去了趟洗手间，微笑着回来。这就是"海内存知己，天涯若比邻"。

爱情的本质

《金瓶梅》里李瓶儿对西门庆说过，"你是我的药"。这可能是千百年来关于爱情最玄妙的比喻。

因为从现代神经科学的角度来看，爱情就是一种内源性的"毒品"，是人体在各种神经递质的作用下产生的一种欣快感。睾酮素和雌激素决定着性吸引，去甲肾上腺素让人脸红心跳，多巴胺让人兴奋，产生强烈的渴求。内啡肽让人平静，感到安逸和满足。这里面最重要的爱情敲门砖就是多巴胺。如果你的某些特质能提升你的多巴胺浓度，她就会对你"有感觉"；如果不能，那么就是，"你是个好人"。

恋爱的感觉，就是一种大脑被神经递质淹没的状态。失恋的痛苦，就是各种神经递质的浓度突然降低引发的"戒断反应"。缺乏多巴胺，人就会失落和抑郁，类似于苯丙胺类兴奋剂的戒断反应。缺乏内啡肽，人就会焦虑和烦躁，类似于阿片类镇静剂的戒断反应。为什么吃甜食、吃火锅能缓解失恋的情绪？因为糖分会刺激多巴胺的分泌，疼痛会刺激内啡肽分泌，而辣的本质就是疼痛。

事实上现代科学已经完全可以通过化学手段（药物）和物理手段（电流），制造"人工爱情"的感觉。让爱情"无中生有"，让心动"超级加倍"。只是因为法律和伦理问题，仅限于医用。如果说钻石和爱情之间真有什么共同点的话，那就只能是"人工的比天然的更纯粹"。

虽然用神经科学来定义爱情显得很没有人文情怀，但这就是爱情最真实、最朴素的样子，除此之外都是谎言。比如诗人在吻到姑娘之前，会歌颂爱情。吻到之后，开始歌颂自由。但谎言并不一定都是恶意的，人类的崛起，很重要的一个原因，就是发明了复杂的语言，拥有了讲故事的能力。

通过讲故事，把自己的行为合理化、崇高化，是人类最核心的种族天赋。一小群人相信同一个故事，就会形成一个部落。一大群人相信同一个故事，就会诞生一个文明。文明就是各种概念和故事的集合，而爱情，就是其中的一个故事。

这个故事告诉我们，爱情可以让两个人跨越血缘、容貌、阶层、种族、信仰、文化，组成一个超级共同体。两个人就算有再大的差距，只要产生了爱情，就会变得平等。

为什么会产生这样的故事？因为人性自私又贪婪，只会不断地为自己争取生存资源。但极端的利己会导致人类的整体利益最小化，发生"三个和尚没水吃"的情况。只有让更多的个体具备奉献精神，才能让人类整体的利益最大化。而赞美爱情，本质上就是在赞美一种无私奉献彻底利他的人性光辉。那些备受推崇的爱情故事，一般都伴随着巨大的牺牲和付出。比如《泰坦尼克号》中的"你跳，我就跳"，吴三桂的冲冠一怒为红颜；又如王子为了灰姑娘放弃王位，公主为了穷小子众叛亲离。

这种愿望很美好，但这里面存在一个劣币驱逐良币的问题。只要有一小部分人开始把别人的无私当成自己索取的手段，并从中获利，就会让越来越多的人不得不这么做。最终导致每个人都只想借着给出一点爱获得更多爱，用最少的付出获得最多的回报，就像一种垂钓。

大部分一地鸡毛的爱情，都是两个现实主义者互相证明"世间有爱"的尴尬对戏。两个不相信爱的人，以爱为名相互索取的生存博弈，现实主义语境下的爱情，就像一个用玫瑰花瓣精心包裹的算盘。不论你怎么掩饰，它都会将生活中的荒诞和虚妄一一拆开，整整齐齐排列出四个大字——"价值交换"。

所以有人说，爱情不是索取，是付出。但这话只说对了一半，爱情既不是索取，也不是付出，而是历史。就像一片朦胧的温馨与寂寥，一片成熟的希望与绝望，是一个注定要失去的东西。

你再也找不回初恋的感觉，就像你再也买不回人生的第一包烟。因为爱情并不是某个人提供的，而是你的身体提供的。不会再爱了，本质上是身体不好了。这个世界永远不缺饱满的胶原蛋白，不缺摄人心魄的杀人眼神。外界的刺激永远存在，但是你的身体对各种神经递质的感受力，会越来越迟钝。

有一个尽人皆知的故事，叫"刻舟求剑"：说一个人的剑不小心掉到了河里，他就马上在船边做好标记，等船一靠岸，就顺着标记下去找剑。世界上真有这么蠢的人吗？有，而且很多。在岁月这条长河里，很多人在某个时间节点遗失了一些东西，然后一次又一次地回去寻找，却意识不到自己只是站在船边徘徊，江中央已经回不去了。

真正的爱情，只是一种纯粹的神经表达，一种无关他人的自我感受，一种必然会随着时间逐渐抽离的滚烫生命力。它只属于无忧无虑的年轻人，没了，就是没了。它的归宿只有两处：记忆与坟墓。就像邮票，有些是用来寄信的，有些仅仅是为了收藏。

婚姻的选择

结婚到底应该选有钱的，还是好看的？这看起来是一道选择题，其实是一道计算题。人生在世你必须明白的一个道理就是，一切追求都是有代价的，一切资源都是可以转化的。权、钱、智、色，是人类社会的四大资源。你真正想要的答案，不是选择某一项资源，放弃某一项资源，而是根据各项资源的权重，计算出的整体效用最优解。

你真正的疑问，是一个人有钱到哪种程度，才能弥补他颜值和学识上的缺失；一个人好看到哪种程度，才能掩盖他金钱和学识上的匮乏。

人类社会，最根本的资源就是人。权、钱、智、色，本质上都是对人的支配力。"权"是以强制力为内核的支配力，比如小时候贪玩不写作业，口头警告没用的话，就会被皮带和戒尺的物理伤害强制支配。"钱"是以消费主义为内核的支配力，消费主义创造出无数的需求，让人们不断地用有限的生命去喂养无限的欲望，心甘情愿地被支配。"智"是以思想传递为内核的支配力，比如作家、老师、古代的圣人和大儒，都是通过思想传递来间接影响人的行为的。"色"是以繁衍本能为内核的支配力，也是优先级最低的支配力。为什么很多上流社会的成功人士并没有娶一个特别漂亮的老婆？因为"色"对底层来说是稀缺资源，但对上层不是。

再加上这些年房地产行业崛起，资产价格暴涨，劳动收入跟资本收入的差距越来越大，医美行业崛起，造成大规模容貌内卷，颜值通胀，进一步稀释了"色"的支配力。

权力可以扩张，资本可以增值，但"智"和"色"的效用却会随着时间不断衰退。所以最理智的做法，就是在这两项资源的衰退期内，尽可能地把它们转化成更高级别的资源。而普通人能获得的最高级别资源，就是钱，所以赚钱就成了大多数人唯一的目标，所以一提到结婚，都是车子、房子、收入，基本上都离不开钱。

从资源的角度来讲，爱一个人的钱，可能是理性的选择，因为你选择一个人的任何其他理由，都会被时间摧毁。相貌会变丑，身材会走样，才智会衰退，但是钱，有可能靠着投资行为不断增值。但可惜的是，我们并没有那么理性，严格意义上的理性人，只能活在经济学的假说里。

当你纠结要不要和一个人结婚的时候，是因为他符合了你的个人期望，但不符合社会期望，或者是他符合了社会期望，但不符合你的个人期望。也就是要么大家觉得好，你自己不喜欢；要么你很喜欢，大家觉得不好。其实这种时候只需要遵循一条原则，那就是，谁承担后果，谁说了算，因为不承担后果的建议没有任何意义。

你问身边的朋友，你上网查，该跟什么样的人结婚，会得到无数个答案，有人说要找有钱的，有人说要找好看的，有人说要找有共同爱好的，各种婚前十五问，相亲十八条。有道理吗？都有道理，但都没什么用。这些东西无非是一些"过来人"在复述他们片面又粗浅的人生经验，这些经验根本不具备参考性和迁移性，因为他们忽略了一个最根本的问题，人和人是不一样的。依照这些道听途说的人生样本，做出正确选择的概率，不会比你闭着眼睛扔硬币更高。

结婚这件事最遗憾的就是，你没法在二三十岁的时候，同时体验结不结婚、跟谁结婚的每一种人生。你没法像解数学题那样，精确地算出所有变量，得到一个确定的最优解。理性可以解决很多问题，但无法解决所有问题，比如艺术，比如爱情，比如人生的意义。理性的边界之外，总有一些事要交给感性，依靠头脑一热去做决策。

两个人头脑一热去结婚，其实比深思熟虑权衡利弊要明智得多，但凡你深思熟虑权衡利弊，就会发现婚姻是一笔稳赔不赚的买卖，因为人生本来就是一个徒劳抓住很多东西，然后又被迫回到一无所有的过程。你的父母、朋友、孩子、健康，都会离你而去，但在这场不可避免的下落中，有个人陪着，总归要好受一点儿。

《麦琪的礼物》讲了一个小故事，一对贫穷的夫妻为了给对方准备圣诞礼物，妻子偷偷剪掉长发卖钱，给丈夫买了一个金色的表链，而丈夫偷偷卖掉怀表，给妻子买了一把漂亮的梳子。

听起来很荒唐，但真正支撑你和一个人走完一生的东西，正是这些看起来有点荒唐的表链和梳子，还有那些曾经让你头脑一热的理由。只有这些东西能战胜理性，能把理性的世界撕开一道小口，让阳光照进来，让我们可以在人生这条单行道上，享受一丝温柔。

爱情和婚姻的关系

没有爱情的婚姻能幸福吗？其实，爱情跟婚姻是两个东西，婚姻幸不幸福跟爱情无关。很多人为了给自己失败的人生找个借口，赖到了婚姻头上；为了给自己失败的婚姻找个借口，又赖到了爱情头上。

爱情是什么？说文艺点，爱情是疲惫生活中的英雄梦想。说本质点，爱情就是繁殖冲动的诗意化描述。而婚姻既不是爱情的延续，也不是爱情的坟墓，它跟爱情毫无关系。婚姻的本质是抵御风险，分摊风险。婚姻是一种制度，一种经济关系，是两个人合作共赢、抵御风险、共度余生的一份契约，是人类本能和人类文明在漫长岁月中博弈的纳什均衡。

要知道人是哺乳动物，大部分哺乳动物的雄性只负责交配，雌性负责抚养后代，人类最初也是一样。远古智人，食不果腹，没有固定的伴侣，更没有"爱情"这个概念，人们每天想的除了生存，就是繁衍后代，这是写在基因里的代码。但这会产生一个问题，就是男性只能通过孩子的长相来判断孩子是不是自己的后代。长得像自己才给吃的，不像自己的自生自灭。后来为了族群的发展，为了让人类幼崽得到更好的抚养，智人才逐渐开始有了相对固定的伴侣，这就是婚姻最早的雏形。但这显然违背了动物繁衍的本能，而文明的进程就是一边克制本能，一边美化本能。为了给这些赤裸裸的本能披上一件外衣，才创造了"爱情"这个概念，才有了"窈窕淑女，君子好逑"。

既然爱情可能只是一种虚幻的存在，我们为什么还是会对一个人念念不忘？因为你怀念的可能根本就不是那个人，而只是当时那个奋不顾身的自己。你怀念的不是他的相貌、身材、聪明才智，而是这些东西曾经带给你的感受。一切外在的东西，本质上都属于别人，都会被时间剥夺，只有感受和记忆是自己的，永远都不会失去。

我们常说爱情里最美的是得不到的和已经失去的，得不到的是什么？是想象。失去的是什么？是回忆。而想象和回忆，都是不真实的。恋爱是追求长板，只要这个人有一项非常吸引你的特质，就可以开始一段感情。而婚姻是接受短板，这个人只要有一项缺点你无法容忍，就很难继续下去。爱情是被对方的优点吸引，婚姻是与对方的缺点相处。为什么父母包办的婚姻比自由恋爱的离婚率要低，因为父母才不管你爱不爱，他们只关心对方有哪些优势，有哪些短板，这些短板能不能容忍，这才是结婚前真正需要去考虑的问题。

　　结了婚之后呢，很多人觉得终于修成正果了，开始坐等幸福。就像当初高考完进了大学，开始放纵自己一样，但其实上了大学才是真正开始学习知识，结了婚只是一段全新关系的开始，比恋爱的时候更需要经营。如果你看不清这一点，那么结婚你会后悔，不结婚你也会后悔，无论结不结婚，跟谁结婚，你都会后悔。白月光和朱砂痣，无论你怎么选，都会怀念另一个。糟糕的婚姻里一定藏着糟糕的自己，跟谁过，本质上都是跟自己过。

　　如果你用爱情的视角去审视婚姻，用婚姻的视角去追求爱情，就必然会痛苦。对爱情的幻想就是婚姻上扎的一根刺，什么时候这根刺被拔掉了，什么时候你才能感到幸福。

其实大家的婚姻都是差不多的，差的只是每个人对"幸福"的理解。所以还没结婚的人就要多谈恋爱，你感受得越多，未来的婚姻就越幸福。复杂过，才有资格"大道至简"；聪明过，才有资格"难得糊涂"。听懂了"爱江山更爱美人"，感受过冲冠一怒为红颜，才能看清爱情的本质，才会明白爱情是一个根本不存在的东西，而婚姻是早上起床那碗冒着热气的粥。

钱锺书在《围城》里说的那句"婚姻是一座围城，城外的人想进去，城里的人想出来"，被很多人拿来为自己不幸的婚姻开脱。但他们不知道的是，多年之后钱锺书形容自己的妻子，又说道："我见到她之前，从未想到要结婚；我娶了她几十年，从未后悔娶她。"

我们曾经以为，爱情就是要去寻找一个和自己"绝配"的人，后来慢慢发现，正是两个人之间的相处，把我们变成了彼此的"绝配"。就像两棵树，虽然根系不同，但它们一直努力朝着对方生长，随着阳光雨露的滋养，枝干总会融合交错，互相缠绕得密密麻麻，这就是双向奔赴。爱情很浪漫，但比爱情更浪漫的，大概就是见过对方最真实、最不堪的面目，依然选择厮守到老。

性别对立的本质

有些女孩月薪几千，却要求结婚对象有车有房，年入百万，有问题吗？没有问题。因为"结婚对象年入百万"，不是她对别人的要求，而是她对自己的要求。

比如《大话西游》里，紫霞仙子立誓，只有拔出紫青宝剑的人，才能当她的如意郎君。有问题吗？没有问题。哪怕她要求，只有打赢如来佛祖的人才能当她的如意郎君，也没有问题。因为她没有要求任何人去打赢如来，她是要求自己，只能接受那些有能力打赢如来的人。至于有没有这种人、这种人会不会接受她，那是她需要考虑的事，与他人无关。毕竟由此产生的一切风险、一切机会成本，都是她自己承担，比如对方有可能根本不想娶妻，只想取经。

从逻辑上来讲，择偶标准是一个人对自己的要求，是要求自己只能接受达到了某种标准的人，这个标准怎么定，当然是自己的权利。之所以会产生女上嫁、男下娶这种现象，只是因为男女的生理结构不同，生育成本不同，导致各自在生存博弈中，选择的繁衍策略不同。

女性一生的生育数量是有上限的，所以永远倾向于寻找最优秀的基因，孤注一掷，以质量取胜。从百万年前的部落族群到今天的信息社会，女性寻找最优秀男性基因的初衷从来没有变过。

只是以前，村西头的小芳见过的最优秀的男人就是村东头的小刚，而今天，小芳打开手机，就能看到全国顶尖那部分男性，突然觉得，小刚也不过如此。小刚打开手机，看到的全是锥子脸、大长腿的女性，突然觉得，小芳没那么漂亮了。他们把眼前的海市蜃楼当成了真正有可能到达的绿洲。事实上，他们的选择并没有变多，但彼此的满意度和婚恋意愿，都下降了。

城市化进程的浪潮下，大量村镇人口向城市迁移，买不起房子的小刚只能租房或者回老家，毕竟男性的上迁婚是小概率事件，而女性的上迁婚是大概率事件，买不起房子的小芳，还有另外一条路，就是找个有房子的老公。

所以大城市里，可以覆盖几百万名适婚女青年的高富帅，脚踏七彩祥云，手握定海神针，来了又去，去了又来，在灰姑娘和白马王子的童话中，杀得七进七出。而小刚们在大多数女性上迁婚的期望中，没有任何竞争力。如果说婚恋市场是一场牌桌上的博弈，他们就是那些没有筹码上桌的人。大量没有资格上桌被迫离开城市的男人和那些在牌桌上输得一干二净的女人，变成了今天村镇的光棍儿和城市的大批剩女。这两类人，虽然很难坐到牌桌上重开一局，但绝对谈不上对立，因为根本就没有交集。

结果这时候突然冒出来一批人，煽动女人仇恨男人，煽动男人仇恨女人，带头给人群打标签，"普信男""凤凰男""扶弟魔""田园女"，很多人瞬间"恍然大悟"，觉得内心的委屈和不满终于找到了出口，他们用最恶毒的语言攻击着一个个虚无缥缈的性别标签，对着那些根本不存在的敌人，无意义地挥舞拳头，他们根本不清楚那些标签下面到底是谁，也不知道攻击的目的，只是对着空气打拳，白白消耗着自己的资源和精力。

年轻男女之间本该是异性相吸，精诚合作，发展到今天真有这么大仇恨了吗？没有，因为性别是一种根本不可能独立存在的属性，所谓的性别冲突本质上只是阶层冲突。

现实社会中，很多顶端强者互相合作，男女讲究门当户对，忙着自我实现，忙着享受生活。而许多弱者却互相埋怨，相互指责，每个人都把另一半儿当成摆脱生活困境的救命稻草，向着同为弱者的可怜同伴疯狂索取，为了彩礼、房子闹得不可开交。中间还有大批无耻又无聊的人不停地煽风点火，收"智商税"，让你以为，那个同样精疲力竭的队友才是你生活不幸的源头。

两性之间确实存在博弈，但博弈并不等于对立，男女对立不会让男人更强势，也不会让女人更强势，只会让强者更强势，弱者更弱势。想要维护自身的利益，首先要做的就是，停止无意义的打拳，然后仔细思考一个问题：谁在撕裂我们？谁在孤立我们？谁是我们的敌人？谁是我们的朋友？

选择大城市还是小城市

到底是留在大城市还是回到小城市？你纠结这个问题的时候，其实心里已经有了答案，如果你真能在老家的一亩三分地安逸地做个"人上人"，压根儿就不会有这种纠结。留在大城市还是回老家，不是你认为的鸡头和凤尾的取舍，独自留在大城市打拼的人基本都是因为父辈能提供的资源和人脉实在有限。想"啃老"都没的啃。

在大城市拿过几万的月薪，就觉得自己能回去当人上人了？更有可能的是，回去之后连工作都找不到。大城市很"卷"，但比"卷"更可怕的，是根本没有"卷"的机会。很多工作岗位，都集中在一线城市。在大城市你是机器上的螺丝钉，回到老家，可能根本就没有这个机器。

就算你愿意回去安心当一个"躺平青年"，知足常乐，岁月静好，小圈子的评价体系和人情世故也不会允许。大隐隐于市，富贵再还乡。为什么很多大城市的打工人入不敷出，但一到过年，借钱也要租辆好车开回去？这不单单是为了自己的虚荣心，更是为了亲戚朋友们的"面子"，为了父母在那个环境里的"社会地位"。

两千多年前，苏秦穷困潦倒回到故乡，连亲生母亲和嫂子都嫌他丢人，极尽羞辱。后来，苏秦佩六国相印，再次回到故乡，母亲和嫂子跪地迎接，匍匐前进，极尽谄媚。日月更替，人心可一点儿没变过。故乡容不下失败者，若你真的想回去，只能是衣锦还乡。

大城市最好的一点，就是够疏离，疏离到没人在意你，没人关心你买不买得起房子、结不结得起婚。人情淡薄，大家都是点头之交。"人情淡薄"从来都不是一个贬义词。一个城市，经济越发达，制度越完善，人们受教育程度越高，就越不讲人情。越不讲人情，就越公平，对年轻人越友好。

越是欠发达的地区，人情社会就越明显。马太效应非常严重。资源、人脉、财富高度集中。你想有所作为，想站着挣钱，永远都绕不开某一批人和他们的亲戚朋友。学历、技能在这些人面前毫无作用。要么选择加入他们，变成他们；要么远离他们，用无视来传递最真挚的蔑视。

他们在自己的巢穴盘踞多年，蝇营狗苟，钻营了一辈子，遇到任何事，第一时间想的永远是"找个熟人"，而不是分析事情本身。所以他们根本意识不到，时代正在抛弃他们，年轻人正在"用脚投票"，远离他们，大量的空置房，就是最好的证明。

"知识面前人人平等"这句话，只有在大城市才能体现出来。年轻人最大的优势就是年轻，你的未来是金戈铁马，灼灼风华；而不是让这些掩耳盗铃的人教你做事，吞噬你的人生，复刻他们腐朽的三观。年轻人一定要出去闯荡，这个世界没有绝对的公平，但大城市一定比小城市公平。

信息社会给了我们前所未有的自由，很多人却依旧活在自己的小圈子里，那些原本只有在名牌大学才能听到的公开课，他们不感兴趣。那些开放包容的现代化大都市，他们蹒踟不前。晚上睡觉前恨不得拍马就走，第二天一醒来就把马杀了，继续拧巴地活着。

不是每个人都有机会走出去，总有人出于各种原因，一辈子都生活在一个地方，生活在一个小圈子里。时而平静，时而痛恨，却又离不开。最终变成这个圈子里各种观念最坚定的簇拥者。

当你长期被封闭在某个小圈子里，就会把这个圈子当成自己人生唯一的参考系。你此生最大的愿望就是在这个小圈子里得到认可。相反，如果你的圈子一直在变，你就会发现，永远在一个小圈子里挣扎徘徊是多么可笑，换个圈子，所有的是非成败都不值一提，整个参考系都会改变。

有人说我看问题透彻，悟性高。其实我不是悟性高，只是我十八岁之前的人生，充满了变数。从小学到高中，出于家庭原因，我换了八所学校，有过一千多名"同班同学"，上百个"睡在我上铺的兄弟"。身边的人一两年就会彻底换一批，没有固定的圈子、没有固定的关系、没有形成任何思维定式，也没有把任何圈子的评价体系当作我人生的参考系，很长一段时间，我都处在一种仗剑天涯，长路漫漫任我行的状态。

一直没有停止对这个世界的探索，毕竟这个世界上美好的东西太多了，那么多有意思的书要读、那么多有趣的人要见、那么多好玩的事要做、那么多没去过的地方要去，哪有时间待在一个小圈子里讨人欢心呢？生命已经给了我们太多的自由，但真正的自由，只有你愿意接受它的时候，才能得到。

东方哲学

今天一说起哲学，大部分人默认的都是西方哲学，但哲学也是需要土壤的。哲学家用不同的方式解释世界，而真正的问题是改造世界。在我们生活的这片土地上，想要取得世俗意义上的成就，真正需要了解的，是东方哲学。

东方是农耕文明，人口密集，人际关系相对复杂，所以东方哲学倾向于研究人与人的博弈，比如儒家的礼法、尊卑，法家的法令、权术、局势，而西方是海洋商业文明，人口稀疏，人际关系相对简单，所以西方哲学更倾向于研究个体和自然世界，比如人生的意义是什么？世界的本质是什么？苹果为什么掉到地上？总的来说，西方哲学偏向于怎么造蛋糕，而东方哲学偏向于怎么分蛋糕和怎么驾驭那些造蛋糕的人，自古以来都是，劳心者治人，劳力者治于人。

当苏格拉底、柏拉图和亚里士多德降临在古希腊文明，开始构建西方哲学的蓝本时，我们的春秋战国，也开启了思想上的百家争鸣，诞生了以孔子、商鞅、老子为代表的儒、法、道三派东方哲学。

为什么当时会出现这种思想大爆发的盛况呢？因为当时的背景是诸侯争霸，一个国家如果不鼓励新思想，墨守成规，就很容易被别的国家吞并。所以每个国家的人都在绞尽脑汁地想，怎么让自己变得更强大、怎么战胜敌人，后来这些想法被文字记录了下来，就变成了所谓的诸子百家思想。诸子百家听起来很唬人，但它们的内核其实就是儒、法、道三家思想有着或多或少的联系，整个东方哲学的三原色，就是儒、法、道，读懂了它们，就读懂了诸子百家，读懂了东方哲学。

那么这三家思想有什么区别呢？总的来说，儒家教人人世，道家教人出世，法家教人实事求是。这里面儒家和法家虽然都是入世的思想，但是角度和观点截然不同。儒家认为，人之初，性本善；法家认为人性没有善恶，只有趋利避害的本能。

儒家的核心是礼，礼的核心是秩序，而秩序的核心是各安其位，不要有非分之想。典型的就是，君要臣死，臣不得不死。讲究的是三纲五常，尊卑有序，是传统，是服从。

法家则刚好相反，它不受一切传统伦理道德的束缚，不迷信任何"君权天授"，只相信一切能给自己带来力量和利益的方法，研究人性，尊重人性，依托人性来理解世界，讲究的是实用，是革新。法家认为，一切的人和事物，都可以通过一定的方法，转化为自己实现目标的工具；但法家并不是不讲"道德"，只不过法家认为，胜利者才是道德的，因为胜利者拥有道德的最终解释权和史书的出版审查权。

而道家表示，你们好无聊，人世间就这么点事，争来争去有意思吗？圣人不死，大盗不止。人世间的痛苦，就来自你们儒家和法家的入世功利心。无为而治，世界才能变得更美好。

那么在当时，这三派哪个更有用呢？历史已经给出了答案。中国第一个真正意义上的大一统王朝，正是法家的杰作。秦灭六国，起码有一半的功劳属于法家的代表人物——商鞅。什么礼法、尊卑全都靠边儿站，大秦的荣耀唯有耕与战，不管你是谁，不管你用了什么样的手段，只要你能拿回来五个敌军的人头，就能实现阶层跨越。

　　不得不说这一套真的有用，后世像诸葛亮、王安石这样的实干家，都极力推崇商鞅的思想。但法家始终存在一个问题，那就是过于直白冷酷，不适宜大面积教化，拿现在的话来说就是，充满负能量。

　　而且它的内核是革新，不是稳定，就像一柄利剑，适合打天下，不适合治天下，所以刘邦灭秦建立汉朝之后，为了避免重蹈覆辙，选择了道家的无为而治。但法家这么有用的东西，是不可能被埋没的。

　　仅仅几十年之后，汉武帝就重新启用了法家思想，而且手法精妙绝伦、前无古人，他开创性地搞出了一套外儒内法，扯了儒家的皮，披在法家外面，给法家这把利剑安上了一个剑鞘，表面上罢黜百家，独尊儒术，内核却是不折不扣的法家正统，既保证了"效率"，又维持了"体面"。不得不说，这一招非常高明，秦始皇就是太耿直了，一言不合就焚书坑儒，他要是能想到这一招，大秦也不至于二世而亡。

所以说汉武帝的"文治"是大于"武功"的，因为他打造了一个全新的社会形态，从独尊儒术开始，东方的入世哲学就形成了两套规则：一套是法家，属于暗规则；另一套是儒家，属于明规则。法家冷峻严酷，但它在事实上维系着社会的运转；儒家圣光普照，但它更像是两个人之间的一种客套。而道家则被认为是消极避世，逐渐被主流意识边缘化。

话说到这儿，三家思想从功利入世的角度来说，孰优孰劣，每个人心里可能已经有了答案，但这个答案大概率是错的，因为这不是一道单选题，而是一道多选题，正确答案是，我全都要。

一个人有没有打通认知的"任督二脉"，最重要的标准就是看儒、法、道这三家看似矛盾的思想能不能在你的大脑里完美融合，和平共生。

一个只信奉儒家的人，很难成功；一个只信奉法家的人，很容易失败；而一个只信奉道家的人，可能会重新定义成功。

　　真正的入世强者，从来都是一半欲望，一半豁达，用出世的心态做着入世的事。做人，行君子之道，因为这是大多数人的共识，但做起事来却是法家的内核，从来不对人性抱有任何幻想，会利用手段和局势来达到目的，而内心深处，又住着道家的魂，从来不对结果过于苛求，患得患失，能够时刻保持内心的平静，发挥出自己最好的状态。用儒家纵横驭人，用法家建功立业，用道家明心修身。做儒家人，行法家事，生道家魂，眼中有光，手中有剑，胸中有乾坤。

道德的本质

为什么有些人不讲道德，却能混得风生水起？有些人讲道德，却一辈子穷困潦倒？"杀人放火金腰带，修桥补路无尸骸。"

因为我们今天认为的道德，已经被窄化成了一种行为准则，比如先人后己、从一而终、助人为乐。这些准则错了吗？没错。因为它们只是术的范畴，根本没有被评判对错的资格，就像你不能指着一根绳子说，它对了，它错了。

什么是术？术就是一种能够获得特定结果的方法。比如你想获得"有道德"的评价，对应的方法就是，遵循外界认为的道德行为准则。

什么是道？"道"就是事物的发展规律。

比如你发现，"道德"衍生出的这些行为准则，只是人类社会在长期生存博弈中暂时得出的一种群体最优生存策略。它不是一成不变的，任何一种策略只要符合了当下绝大多数人的利益，就会被认为是道德的。

什么是德？"德"最早的意思是"上升""登高"，后来被引申为"在高处观察到的共性"。比如"水德尚黑"这个词，它的意思就是，水的共性是倾向于呈现黑色。

道是规律，德是共性，那么道德的意思就很明确了——规律的共性。比如花道、茶道、为人之道、治国之道、战争之道，种种规律之间存在的共性，就叫道德。

术是道的投影，道是道德的投影，道可以消灭术的僵化，指导术的衍生与组合。道德可以拓展道的边界，指导我们在那些尚未得道的领域，一步一步，踏出道来，一刀一斧，劈出道来。

"道德"这两个字，最初并不是连在一起的，就连我们熟知的《道德经》，实际上也只是《道经》和《德经》的统称。所以严格来说，"道德"这两个字不是一种并列结构，而是一种偏正结构，严谨的说法应该是，"道之德"或者"道的德"。

所以评价一个人有没有道德，看的是这个人的认知系统和决策逻辑符不符合各种规律的共性，跟他扶不扶老奶奶过马路没有任何关系。

那这个规律的共性到底是什么呢？这个世界上的知识，可以分为两类：一类是研究自然世界运行规律的，叫作自然科学，比如数学、物理、化学；另一类是研究人类社会运行规律的，叫作社会科学，比如政治、经济、法律。

自然世界的规律可以理解为天道，比如能量守恒定律、物质不灭定律，比如小天体会聚合成大天体，大天体又会向外辐射能量，坍缩成小天体。自然规律的共性就四个字："因果循环"。

人类社会的规律可以理解为人道，比如马太效应、羊群效应、破窗效应、棘轮效应，比如无论文明多么发达，人类还是无法避免一次次的金融危机，无法避免一次次战争、一次次自相残杀，人类社会规律的共性就是，在贪婪和恐惧之间反复横跳，所以我们说，人性是复杂的。

在宏观层面，主导世界运转的规律是天道，但在一个极短的时间切片内，主导社会规律的是人道。而人类文明在宇宙的尺度上，恰恰就是一个极短的时间切片。

比如我们刚才说的，马太效应，意思就是，富人会越来越富，穷人会越来越穷。这个词出自《圣经·马太福音》，原文是"凡有的，还要加给他，叫他有余；凡没有的，连他所有的，也要夺去"。这个结论就明显违背了因果循环的自然法则，违背了天道。有人说，这是西方文化，不是我们的，但我们的《道德经》里说得更直白，"人之道，损不足以奉有余"。

这句话跟马太效应一个意思，说的都是，你越缺乏，越不足，就越是要拿走你的仨瓜俩枣。为什么东西方文化在这一点上，可以出奇地一致？因为只要是人组成的群体，无一例外，都会呈现出这种两极分化的规律共性，这就是人道，或者叫人性。

虽然《道德经》里还有一句，"天之道，损有余而补不足"，虽然历史上的王朝周期治乱更迭也印证了天道会周期性地对人道做出修正，但问题在于，这个修正的时间间隔太长了。对个体来说，往往几代人甚至几十代人才能迎来一次天道对人道的修正，如果说天道是校长，人道就是班主任，校长确实说了算，但他 300 年才来班里一次，你今天要不要罚站、明天能不能当班长，都是班主任说了算。

在宇宙面前，人类只是阴沟里的虫子，如果将天道和人类的关系比作游戏对垒，天道的技能还处于"前摇"阶段，虫子的一生就结束了。"天道好轮回"，但你短短的一生中也许根本等不到这个轮回。所以老子说，"天地不仁，以万物为刍狗；圣人不仁，以百姓为刍狗"。真正意义上的道德只有一种，那就是，理解人道的共性，也就是我们说的洞悉人性。

因为人类社会有时也会"天道无亲，恶鬼横行"，而那把真正能够屠龙斩鬼的利剑，就是对人性的洞察，长剑出鞘，千变万化，一通百通，一身兼万法。

放下屠刀，立地成佛

为什么说恶人可以放下屠刀，立地成佛，而好人必须要经历九九八十一难？因为能作恶但不作恶，才是真正的善。放下屠刀的前提，是你真的有屠刀，很多人两手空空，并不是放下了，而是根本拿不起来。

一个人是不是真的专一，不能只看他怎么做，还要看他有没有选择。一个人是不是真的节俭，不能只看他的消费记录，还要看他的银行卡余额。一个人经常指责老板没良心、商人太黑心、别人太花心，但当他真正拥有这些条件的时候，又会怎么选择？"不想"和"不能"，是完全不同的两个概念。

没有经过试炼的"善"，大多数时候，只是一种特定条件限制下的妥协，一种压抑在内心深处的想得却不可得。

这不是说人性本恶，事实上大多数人既不是恶人，也不是善人，他们只是弱者，所以佛说，众生皆苦。

虽然说人性不可考验，但从法律和道德层面来说，不论你内心多么邪恶，只要你没有付诸行动，就算是一个世俗意义上的好人，论迹不论心。但"成佛"指的是什么？是"觉悟"，是要求你彻底清除内心的杂草，变成一个"觉者"。

"佛"是觉悟的众生，众生是未觉悟的"佛"。放下屠刀，不是为了拯救世人，而是为了拯救自己。一个恶贯满盈、罪不可赦的人，放下屠刀就能得到善终吗？可以。但这个善终，不是世俗意义上的善终，而是"觉悟"本身。恶人通过"觉悟"得到的是灵魂的解脱和内心的大彻大悟，是一种厚积薄发的精神升华。但上帝的归上帝，恺撒的归恺撒。上帝负责原谅他的灵魂，恺撒负责消灭他的肉体。恶人放下屠刀，当然不能逃脱法律的制裁，但可以获得心灵的救赎。

放下屠刀，立地成佛，指的是一个顿悟的过程，类似于定向基因突变；而九九八十一难是一种渐悟的过程，类似于一种缓慢的进化。为什么很多小说还有影视作品里面，这种顿悟总是发生在恶人身上，各种虔诚的小和尚、小道士只能一步一个脚印，踏踏实实熬资历？

因为真正的道不在山上，而在山下。没有经历过拷问和磨砺的"道"，都是镜中花，水中月。我们看见一座山，想要知道山的另一边是什么，就应该翻过去看一眼，哪怕另一边什么也没有，你再回来的时候，也已经完全不一样了。因为你知道了那边什么也没有，而没去过的人永远不知道，他们的心永远被山那边的景色牵动着。他们看淡一切，可能只是因为无能为力。他们无欲则刚，可能只是因为一无所有。他们淡泊明志，可能只是在掩盖内心的求而不得。就像《西游降魔篇》里，玄奘的师父拿着鹅腿问他想不想吃，玄奘说不想。师父一语道破，心里想吃，嘴上却说不想，就差那么一点点。

网络游戏的多巴胺陷阱

游戏一定会给人带来快乐吗？不一定，也有可能是痛苦。这由它的盈利模式所决定。

比如内购型网络游戏，它的盈利逻辑就是，不断刺激你的多巴胺分泌，想办法为你制造痛苦，然后迫使你不断花钱来缓解这种痛苦。很多人会疑惑，多巴胺分泌难道不是因为快乐吗？还真不是。一个人被丧尸追杀，也会分泌大量的多巴胺来提高求生欲，但被丧尸追杀这件事一点儿也不快乐。多巴胺既不是快乐的因，也不是快乐的果，它跟快乐毫无关系。它只是欲望未被满足时的一种强烈饥渴感。西哲的观点认为，欲望被满足了是空虚，不被满足是痛苦，多巴胺就是一切痛苦的根源。在这点上，东西方文化出奇地融合。东方哲学讲究"色即是空"，这个"色"泛指一切欲望。禁欲和修行都是为了摆脱多巴胺的控制，剔除人性中的贪嗔痴，获得内心的平静。东西方两种截然不同的文化都指向了同一个答案：节制欲望才能获得真正的快乐。

内购游戏为什么非要制造痛苦，不愿意制造快乐？因为相比获取快乐，人们更愿意花钱缓解痛苦。只有当你被欲望奴役，得不到满足，充满了痛苦，才会大把大把地充值。就像一头被拴了绳索的驴，只有吃不到挂在前面的胡萝卜才会拼命拉磨。其实这种痛苦，用户是心知肚明的，一款网游贴吧里，通常都充斥着对游戏策划的恨，他们咒骂、调侃、抱怨，却无法离开。因为他们切不断社交捆绑，放不下沉没成本，这就是游戏拴在玩家身上的绳索。相反，一款单机游戏的贴吧里往往充满了对制作团队的感激和致敬。因为单机游戏和网络游戏，除了都叫游戏，没有任何的共同点。它的盈利逻辑是为用户提供更多的快乐，获得更好的口碑，促使更多的人来购买游戏。

优秀的单机游戏就像一本书、一部电影、一次全新的人生体验。

我从小就爱玩单机游戏，《仙剑奇侠传》就是一部荡气回肠的爱情小说，《金庸群侠传》就是人心和江湖，《三国志》系列让我对历史产生了巨大的兴趣，总的来说，单机游戏就像是一位我招之即来、挥之即去的良师益友。既没有社交捆绑，也没有沉没成本。而网游就不一样了，我曾经有段时间沉迷手游，不但花费巨大，每天还要准时准点儿上线抽卡和团战，生活节奏完全被游戏掌控。发展到最后，跟朋友家人聊天的时候，也会无法克制地掏出手机。

突然有一天，我意识到自己已经被欲望掌控，必须做出改变。然后我做了两件事：一是拉黑了游戏里所有朋友的联系方式，彻底切断社交捆绑。二是注销账号、删除游戏，放弃沉没成本。连号都懒得卖，因为我必须立刻斩断跟它的一切交集。做完这一切，我感到前所未有的轻松和快乐，世界豁然开朗，这就是内啡肽的快乐。

远离多巴胺，追求内啡肽，是人生必要的修行。这两种感觉其实很好区分。如果一件事做完之后，你感到空虚、后悔、失落、自责，那就是多巴胺陷阱。如果一件事做完之后，让你的内心充实平静，那就是内啡肽的快乐。多巴胺只是基因用来操控人体的一种手段，它提示你需要的时候，你未必真的需要。

你真的需要高热量食物吗？不需要。但你看到高热量食物就会分泌多巴胺，让你误认为自己需要，这只是基因储存热量的习惯。男人真的对性感的异性有欲望吗？并不是。但你看到性感的异性就会分泌多巴胺，让你误以为自己需要，这只是基因为了繁衍的把戏。

其实看破一切不是为了放弃一切，反而是为了更好的生活。就像《西游降魔篇》里玄奘的师父说："我心中没有鹅腿，吃了也无妨。你嘴上说着不想吃，但心里想吃，就差这么一点点。"出世，才能更好地入世，无为而为，不争而争。

当你真正明白了自己并不需要高热量食物，才能更好地克制，才能拥有好身材。当你彻底看穿基因的把戏，不被掌控，就能战无不胜，这就是夫唯不争，故天下莫能与之争。未经审视的人生不值得过，只有剥离掉所有虚妄，才能找到信念，不负此生。

盖世英雄

前几天一个朋友跟我抱怨说，现在的女人一个比一个现实，只认钱。我问他为什么这么想，他给我讲了一个段子。

说一个人苦追女神一年，花了十几万，最后收到女神消息：你是个好人。另一个人花五千元租了台超级跑车，又请女神吃了顿饭，结果当晚便牵手成功。这个段子大概在一定程度上反映了某些极个别现象，但今天我们抛开事实不谈，只谈谈这里面的逻辑。

从表面上看，这个段子说的是十几万加上一年时间，还不如一张跑车副驾体验券有用，但本质上，它说的是临时向的求欢者比长期向的求偶者更容易成功。

为什么会这样？因为临时求欢者有一个巨大的优势，那就是清晰明确的退出机制。他们完全不用考虑如何长期满足对方的预期。只需要把有限的资源在极短的时间内密集投放，塑造出高于实际几个数量级的人设价值，诱使对方做出错误的成交决策。就像股市里用小资金瞬间拉高股价，然后放出利好，高位出货一样。

你追了一年花了十几万，荣获"好人"称号，但他可是一天就花了五千，折合"年化预期"接近两百万，估值是你的二十倍，虽然这笔所谓的预期收益大概率无法兑现，但最多也就是被道德谴责一下，毕竟我们又没有"恋监会"。所以这个段子实际上是在告诉我们，男性的最优求偶策略，是放弃"长期价值投资"，转而进行"短期投机套利"。听起来似乎很有道理，但只要你信了，就输了。

因为这个段子的逻辑链里，实际上隐含了一个默认前提，那就是"女性择偶，只遵循物质收益最大化原则"，也就是开头他说的那句，"女人都很现实，只爱钱"。

更为关键的是，一旦你接受了"女人只认钱"这个前提，就注定了只能收获无尽的绝望。因为你会把所有的爱而不得都归结为"我还不够有钱"，把所有的不离不弃都解释成"背叛的收益还不够高"。在这种逻辑下，穷的时候你注定得不到，即使有钱了，你也还是会一边抱怨女人都是图自己的钱，一边担心比自己更有钱的人出现，根本没有快乐可言。

女人真的只认钱吗？当然不是。电影《大话西游》里有句台词："我的意中人是一个盖世英雄，有一天，他会踩着七彩祥云来娶我。"这句话为什么这么深入人心？因为它说得对啊，一个女人真正想要的就是一个英雄。

为什么很多漂亮女孩会喜欢那种既没钱，又长得不帅的小混混？因为很多小混混身上都有一股匪气，即强烈的自我意识。具备这种气质的人，从小就是大人们口中那个"不听话的孩子"，敢于突破边界，打破规则，充满攻击性。他们永远相信自己可以改变世界，永远相信自己有能力得到自己想要的一切。经常有人说，一个人过了中年还不信命，是悟性太差，巧了，他们就是那种悟性极差的人，刘备是，刘邦也是。为什么有些人各方面条件都不差，但就是让人喜欢不起来？用电影《后会无期》中三叔的话说："我一早知道你不是好人，没想到你连坏人也不是。"

一个女人说，我在你身上看不到希望，然后转身投向别人的怀抱。普通人的逻辑是，她就是嫌我穷，女人都好现实。而英雄的逻辑是，不论世界怎么变化，我都理应在任何情况下，处理好任何事情，因为我有这个能力。现在出现这种状况，只能说明我的某些想法和行为出了差错，没能把握全局，我需要改进。

这种无条件担当，来自一个人内心深处的无条件自信，以及对芸芸众生的怜悯和同情。就像你带着一个一岁的孩子学走路，他不小心摔了一跤，你会怪他吗？当然不会，你只会自责为什么没有扶好他。

面对问题，一个普通人会抱怨，而一个英雄会道歉，会真心地认为这怪自己。他们可以随时把任何足以压倒世人的磨难一口吞下，然后继续用一片赤诚面对这个世界，穷且益坚，不坠青云之志，踏碎凌霄，常怀赤子之心。坦率地说，如果可能，大部分女人都会首先选择这样的英勇，只有在实在没的选的时候，才会退而求其次，选择物质，选择及时行乐。

你是胡一刀，就有人当得起胡夫人。你是郭靖，就有人当得起黄蓉。这个世界上有的是不缺钱、不缺饭、不缺独立、不缺自由的奇女子，她们缺的是，一个值得自己为之肝肠寸断的英雄，因为一个英雄实在是太"性感"了。

感动的本质

　　人生的另一半如果选错了，以后的每一步都是错上加错。在婚姻问题上，很多人都特别相信一个说法，找个对自己好的，比什么都重要。

　　无微不至的关心，百依百顺的包容，鼻子一酸一感动，这辈子就是他了。但这恰恰是很多婚姻不幸的源头，因为感动只是一种刻在基因里的反射机制，一个人满足你的需求，照顾你的感受，你会感动，这和你看到头比身大、毛茸茸的小动物会有保护欲，看到昆虫的尖爪和刚毛会有焦虑感，吃到高油高糖的食物会心情愉快，没有本质上的区别，因为这些机制触发的并不是你的个人特性，而是你的生物共性。

它们存在的目的是，让那些尚未开化、毫无理性逻辑的个体也能趋利避害，具备最基本的生存能力，所以它们会跳过理性，直接从化学层面操控人的感受，影响人的行为。

为什么你明明知道，游乐场"鬼屋"里的"鬼"都是假的，但还是会被吓得两腿发软，鬼哭狼嚎？因为反射机制从环境中读取到了"危险信号"，所以它分泌了大量的肾上腺素，让你逃生。为什么很多人口口声声说自己只喜欢天然美，但到了酒桌上，却"杯杯先敬半永久"？因为反射机制从这张脸的视觉特征上，读取到了"基因优势"，所以它分泌了大量的多巴胺，让你行动。

发现问题了吗？这些反射机制的执行逻辑极其简单粗暴，它们只有传感器，没有处理器，只负责接收信号，不负责甄别信号，而正是这种缺陷，打开了操纵人类感受和行为决策的程序后门。

典型的例子就是电影，一名专业的演员可以轻易地让你感受到愤怒、遗憾、深爱、温暖，一部优秀的电影可以轻易地让你捧着爆米花一边哭一边笑，从开头感动到结束。为什么很多人都喜欢在电影院表白？因为人很容易在"感动"的轰炸下，模糊自己的真实需求，做出非理性决策。

比如，你本来一心想找个漂亮的女朋友，结果电影里那个长相一般的女主让你觉得很甜、很感动，这时候你就会觉得，自己大概好像也能接受旁边那个不怎么好看的女孩了。你本来只想找个自己特别崇拜的男朋友，结果电影里那个男二号让你觉得很温暖、很感动，这时候你就会觉得，自己好像也能接受旁边那个无微不至的男人了。

但真相是，你接受不了。你只是被剧组人员花费了无数精力、无数金钱，基于人类生物共性精心打造出的"幻象"给感动了，模糊了自己的真实需求。感动的体验很美好，它是一种人与时空的共鸣，伟大的艺术创作和发明创造背后都伴随着"感动"。所谓"灵感"，实际上就是心灵被感动之后喷涌而出的能量。

但如果你真的在意自己的幸福，想要拥有独立自由的人格，就必须学会在享受感动的美好、攫取灵感和创造力的同时，用理性去审视它、驾驭它，对待感动不主动、不拒绝、不负责，取其精华，去其糟粕，绝不基于感动做出任何决策。

因为感动的收费是极其昂贵的，一感动，把单买了；一感动，把证领了；一感动，辞职创业了。感动中的一个决策，很可能需要你支付大量的金钱、时间、自由，甚至后半生的幸福。人生像一场电影，但它毕竟不是一场电影。

任何时候，你觉得感动，都应该立刻问自己三个问题：我为什么会被感动？它有没有改变我的决策？我原本的决策是什么？当你开始这样问自己的时候，你的理性就回来了。这一点对女性尤为重要，因为女人天生比男人感性，更容易因为感动而做出错误决策。为什么有些男人总喜欢请你喝酒，因为酒精会进一步放大你的感受，摧毁你的理智，被酒精控制的你，全身都是破绽。

"对自己好"的人，指的不是一个只会讨好你的生物共性、不断感动你的人，而是一个能够发现并沉醉于你的个人特性、带领你建立独立人格的人。人的生物共性会随着时间的侵蚀逐渐黯淡无光，而两个同频共振的灵魂却会在岁月的磨砺中越发清澈明亮。感动转瞬即逝，世事变幻无常，在生命这条有去无回的单行道上，唯有热爱可抵岁月漫长。

part **5**

关于财富

人是一切价值的尺度

钱的本质

最近一个朋友的基金被套，向我借钱补仓。我告诉他："每一笔交易都是独立的，你每一次开仓的理由，只能是看好趋势。拉低成本这种事，就是自欺欺人。"他说："没事儿，只要我不割，钱总会回来的。"这就是典型的没搞清楚钱的本质。

我们问一个人有多少钱的时候，实际上在问，此时此刻他的极限支付能力是多少。"钱"这个概念必须有时间坐标才有意义，就像有人承诺500年之后给你10亿，就算不考虑通胀也没有任何意义。当你的基金下跌50%，你的支付能力就已经降低，亏损就已经真实发生，永远无法改变。哪怕下个月基金又涨了 10 倍，让你赚了 1000 万，也无法消除前面那笔亏损带来的影响。因为那 50% 本金的损失，让你在后续的上涨中少赚了 1000 万，所以说亏就是亏。别用"套牢"这个词来自我安慰，能够正视自己的亏损才是入门。

我二十二岁的时候看了一部电视剧叫《大时代》，从此入坑股票和期货。日夜研究江恩理论、海龟交易和基本面，还有各种技术形态。半年之后我就明白了一个道理，明天的涨跌没人可以预测，甚至涨跌本身都不重要，唯一重要的是交易中的仓位管理。自己这半年满仓进出，大开大合赚到的钱，其实都是刀口舔血，运气而已，一次"黑天鹅"就可以让我彻底出局。对我这样一个普通人来说，这场博弈的数学期望接近于负无穷，是必输局，考虑了五分钟之后，我果断清仓了所有股票，平掉了所有期货合约，用利润奖励了自己一台当时热播电视剧《奋斗》里面陆涛的同款座驾，开始行万里路，从此远离股票和期货。

直到今天，十一年内，我没有再买过任何股票，大盘再妖娆，我也懒得看它，它涨任它涨，清风拂山岗。直到后来入了房地产的坑，我才又开始念起股票的好，那就是超强的流动性。只要资金规模不大，股票市值可以即刻变成当下的支付能力，而房产不行。为什么现在很多人说起来资产上千万，但卡里10万块都拿不出来？就是因为这些资产只是预期，要把预期变成支付能力就需要贴现。比如，你有一套价值2000万的房子，挂了半年都没卖出去。后来急用钱，疯狂降价，最终1000万成交，那么这个房子的真实价格就是1000万，不是你认为的2000万，因为量在价前，价格的基础是成交，不是预期。此时这个房子的贴现率，就是50%。所以说兜里没钱别狡辩，你就是穷，除了此刻的支付能力，其他的一切资产负债都叫作预期。

钱的本质就是支付能力。你手里的人民币就是央行对你的负债，是一笔可以随时转移的债权，是央行打的一张欠条、一个承诺。这个承诺为什么可信呢？因为国家机器的存在。那我们拿着央行打的这些欠条能买些什么？其实我们花出去的每一分钱，本质上都只能买到一种东西，那就是别人的时间。有人可能觉得不对，难道我去买东西，别人没有进货成本吗？其实不论你买一台车、一套房，还是吃一顿饭、做个发型，这些所谓的材料成本和进货成本都只不过是上一个环节人员的时间成本。比如，火锅店的一盘牛肉进价30元，这30元的进货成本实际上就是批发商、物流人员、屠宰人员、饲养人员的时间成本。

任何商品源头的成本都是农民、矿工、煤炭、石油工人的时间成本，而元素周期表上所有的原始资源都是宇宙免费的馈赠。所以说我们花出去的每一分钱，本质上都转化成了对他人时间的支配权。

发现问题了吗？穷人和富人的本质区别，仅仅在于你对自身以及他人时间的支配程度。如果一个人年入百亿，但每天忙得不可开交，他是富人吗？我认为他是穷人。因为他连自己的时间都无法支配，他只是不断地在用自己有限的时间，去换取无限的欠条，而这些欠条的很大一部分在他有生之年根本就来不及兑现，甚至无法兑现。

财富到达一定量级之后，就不再属于你自己。很多人都会有一种想法，等我赚够了钱就去周游世界，却根本没想过多少才叫够。人生跟交易很像，如果你没有止盈止损点，就会一败涂地。你想要更大的房子、更好的车，其实你想要的只是尊严和认同，而尊严和认同并不是外物可以赋予的。什么才是富人？就是可以完全支配自己的时间，做自己热爱的事，有尊严，有认同，这就是货真价实的富人。

就像唐僧说的："贫僧自东土大唐而来，去往西天拜佛求经。"所以，他能笑对九九八十一难。如果你知道自己为什么而活，你就能享受任何一种生活。

钱的支配力

如果现在给每人发一栋别墅，配一辆跑车，再永久免费供应一切食物和日用品，会发生什么？这个场景有没有可能实现？有。只要人类在科技方面有突破进展，强人工智能和可控核聚变，彻底解放人工，解决能源，这一切就可能成为现实。

但这时候你会发现，人和人之间的差别依然存在。以前开超跑的小王，可能已经开上了曲率飞船。以前，你在小城市，小王在大城市；现在，你在地球，而他的征途变成了星辰大海。这时候你开着尊贵的兰博基尼，准备回到你奢华的独栋别墅，却被堵在了大街上。看着满街清一色的超跑，你陷入了沉思。为什么我想要的都有了，却还是不快乐？

因为人类最大的满足感来源并不是物质水平绝对值的提升，而是自己在全人口序列中相对位置的提升。

人在满足了基本的温饱之后，物质带来的直接满足感会急速衰减。我们追求的一切名车豪宅、锦衣玉食都只是欲望的表象，几十万一瓶的红酒确实比几十块一瓶的红酒好，兰博基尼确实比五菱宏光跑得快。但感官提升带来的直接满足感边际效用递减非常明显，更多的是，自己在人口序列中相对位置提升带来的间接满足感。人最大的焦虑就是等级焦虑，无法容忍排在自己后面的人越来越少。只有排在自己后面的人足够多才有满足感。就像玩游戏，老区的号练到了100级，但遍地是200级的大佬，你玩着也没意思。宁愿跑去新区开荒，玩一个只有50级但全服排名前十的号。

几十年前的电视机跟今天的没法比，但几十年前有电视这件事可以让你吹一辈子。在豪华写字楼吹着空调，喝着下午茶的白领，跟几十年前累了坐在田埂上摇着扇子抽着旱烟的农民并没有什么不一样，都是劳动者。虽然你的物质水平随着生产力的发展提高了，但在全人口序列中，你所处的位置并没有什么变化。

钱为什么让人快乐？因为一切商品和服务的本质，都是他人的时间。你花出去的每一分钱都转化成了对他人时间的支配权。钱的本质是权力，而权力的本质是看你能在多大程度上影响和控制他人。社会的竞争表面上是人人都在为了物质拼命赚钱，实际上是每个人都在拼了命地避免被他人支配，同时想尽一切办法去支配他人。真正让人欲壑难填的，根本不是物质本身，而是这些东西背后所蕴含的对他人欲望的牵引力，对他人人生的支配权。而支配权争夺的游戏，永远是零和博弈，有人支配，就必然有人被支配；有人排序上升，就必然有人下降。

有人觉得，社会上升通道越来越窄。看看《资治通鉴》你就会发现，这才是社会的常态，"旧时王谢堂前燕，飞入寻常百姓家"，才是几百年一遇的小概率事件。几千年来，阶层剧烈变动的年代都极其短暂。一个社会的制度越完善，越成熟，阶层流动必然越缓慢。只不过恰好我们这代人的父辈和祖辈，经历了数百年来变动最剧烈的时代，经历了跌宕起伏的人生。让我们误以为阶层加速流动才是常态。其实，阶层流动放缓，才是新常态。

放缓的同时，是信息高度透明，是稀缺资源优化配置的效率越来越高，是每个人回归真实价值的速度越来越快。怀才不遇的牛人，越来越不容易被埋没。以前你一穷二白、不学无术，也许还可以娶到青梅竹马的村花。但今天她有太多渠道去认识更优秀的人。才华和美貌永远是稀缺资源，而信息的透明让优秀的人有了更多的选择，让浑水摸鱼的人寸步难行。

有人说，人生是一场接力赛，自己接棒的时候，就已经落后别人好几百圈，就算拼尽全力也根本赢不了比赛。这就是掉进了支配力游戏的陷阱，谁说人生是一场比赛，谁又有资格定义这个输赢。操场上明明有人在散步，有人在冲刺，甚至有人在遛狗。这场游戏根本就没有规则，没有主线任务，捆在你身上的绳索仅仅是自身的欲望。当你挣脱掉这一切，就会感到前所未有的轻松。你可以做一个散步的人，也可以做一个冲刺的人，但规则，必须由自己来定。

交易的本质

　　股票和期货交易的核心逻辑到底是什么？其实想要搞清楚一件事，最好的办法就是先跳出这件事本身，换一个维度去审视它。因为世间的大道都是相通的，越接近本源就越相似。交易这件事，看似向外的博弈，其实更是向内的一场自省。

　　比如，我现在扔一枚硬币让你猜正反，那么你一定认为，只要能记录硬币抛出时的速度、角度、离地高度、地面弹性系数等所有信息，就能准确地算出它落地之后哪一面朝上。如果错了，那一定是自己遗漏了某些重要信息。但事实上，你永远无法记录所有的信息，因为信息的精度可以被无限细分下去。人类 20 世纪就已经能登陆月球，但直到今天，我们甚至都测不准一周之后的天气。因为在高度复杂的系统中，任何一点初始误差都会导致结果的天差地别。

这就是混沌理论中的蝴蝶效应，也是为什么全世界有那么多的经济学家，但都无法精确地预测出每一次金融危机，无法避免"黑天鹅事件"的发生。1737 年，一名叫大卫·休谟的英国人说："尽管我们见过的天鹅都是白色的，但也不能因此推导出所有的天鹅都是白色的。万一有黑天鹅呢？"归纳法在某种程度上是不成立的。牛顿即使对了一万次，也不能说他下一次一定对。苹果每次都掉到地上，但也不能说下一次就一定不会飞到天上，这就是著名的休谟问题。听到这儿，你是不是觉得这人就是一个杠精？当时的人跟你现在的感受一样，都觉得这孩子疯了。直到二百年后，相对论横空出世，人们才发现牛顿的理论只是在低速宏观的条件下误差不大，凑合能用，但严格来说是错了。

紧接着是广义相对论，爱因斯坦有句名言："上帝不掷骰子。"但很快，量子力学在微观领域证明了上帝是掷骰子的，双缝干涉实验证实了电子的位置根本无法确定，它是一个概率波函数，无处不在。它上一秒在哪儿，完全取决于下一秒你是否观测它。这一发现彻底颠覆了经典物理的因果论。所以你看，这么多理论物理大牛，终其一生寻找的确定性最终都指向了不确定性，而不确定性正是股票和期货交易的核心逻辑。

当你面对众多专家和机构的观点，又是国际形势，又是公司财报，还想从这一堆庞杂无序且难辨真假的信息中找出确定性，就注定会失败。因为你参考的信息越多，在操作中就会越纠结。一根均线能让你盈利，两根均线会让你迷惑，三根均线就会让你无法操作。少则得，多则惑，这是取舍的意义。其实交易的基础模型很简单，就是盈利期望等于正确率乘以赔率。正确率是你每笔交易盈利的概率，赔率由你的止盈止损点决定。大多数人的操作实际上就是在追求高正确率、低赔率。具体表现就是亏了不卖，不愿意面对亏损，不愿意降低正确率，而一旦涨回来，赚几个点就落袋为安，为自己的"聪明"沾沾自喜。这样做正确率确实很高，每笔交易都能赚到钱。但是这种策略一旦遇到极端行情，就会一刀砍到脚踝，血本无归。

而成熟的交易员都学会了接受不确定性，牺牲正确率来提高赔率，会严格止损放大盈利。收益翻倍了还要继续浮盈加仓，同时不断提高止盈止损点，日常小亏，一波起飞。人之所以热衷于寻找确定性，是因为我们无法放弃与生俱来的线性思维，但真实的世界并不是线性的，而是混沌的。但混沌并不意味着完全无序，我们通常说的运势，指的就是那些隐藏在混沌无序里的有序结构。还是硬币游戏，假设你一直扔一枚公平硬币，虽然理论上出现正反面的比例是 1∶1，但只有当你扔硬币的次数趋近于无穷，真实的比例才会逐渐向 1∶1 收敛。所以你实际扔出来的结果绝不会一直是"正反正反正反"这样的平均分布，而是"正反正正正正正反反正"这样的随机分布。这中间偶尔出现的"五连正""八连反"，就是那些隐藏在混沌无序里的有序结构，而这就是我们通常所说的"运势"。

所以如果你很长一段时间运气都不错，那就说明你进入了连正状态。就一定要冲，直到事情变得不顺再停下来。如果你很长一段时间的运气都很不好，就一定要放慢脚步，等待好运的到来，"赢冲输缩"就是顺势而为。

世界是混沌的，整个宇宙都在熵增，一切都由秩序走向混乱。人也是一样，我们这一生能够真正自己做决定的事很少，我们决定不了自己的父母，决定不了自己的出身，就连自己的身体，也会不可避免地走向混乱归于尘埃，我们唯一能做的，就是在混沌中寻找趋势。所以如果你此刻正处于逆势，一定要记得，运势只是混沌的随机分布。人不可能一直处在"八连反"上，那些隐藏在混沌无序中的"十连正"，一定会到来。

逃离内卷

什么是内卷？博弈论里面有一个经典场景，叫作"囚徒困境"。意思就是，假设两个罪犯被抓，一人一个房间分开审讯，那么就有三种情况出现：两个人都抵赖；两个人都坦白；一个抵赖一个坦白。都抵赖的话两人无罪释放；都坦白每个人判三年；一个抵赖一个坦白，坦白的无罪释放，抵赖的判十年。这时候很明显，如果两个人都抵赖，收益最大，但问题是你没法知道对方的选择，你不能把希望寄托在别人身上，所以最理性的做法就是坦白。再如现在的孩子，从小就开始各种卷，早教班、英语班，稍微大一点，就是补习班、学区房。只要大多数人都认为，读书是人生的唯一出路，教育的内卷就无法避免。

其实，我们国家的教育很公平，就是希望通过考试成绩来筛选出人才，让他们去接受高等教育，为国家做贡献。不管你承认不承认，这个世界最大的不公平，就是天赋的差异。智商有差异这是天生的，是没法改变的。但上帝给你关了一扇门，就会给你打开一扇窗。每个孩子都有自己的天赋，而我们的"幼年毕加索""幼年C罗"，在父母的逼迫下，放下画笔扔掉足球，排排坐学起了奥数，非要以己之短攻敌之长，非要跟"幼年的爱因斯坦"在考场厮杀。这不仅仅是对个人才华的严重浪费，更是整个国家乃至全人类的重大损失。

有人说，我就是通过刻苦学习考上了好大学呀！是，那是因为高中的知识非常基础，确实可以通过努力来掩盖智商的差异。但是，没有天赋加成的努力，提升是线性的，到了一定高度，知识的难度就会指数型上升。这时候你就会发现，努力虽然重要，但天赋和智商往往更能拉开人与人的差距。很多人意识到这一点的时候已经来不及了，已经错过了自己最好的选择，只能混到毕业继续开始在社会上卷。部门年底要裁员，本来大家都是下午五点下班，这时候有个人能力比较弱，怕被优化，就开始自发的 996，大家也只能被迫跟着 996。没过几天，他又开始免费加班，不想离职的人也只能咬着牙照做。结果到了年底，能力最弱的那个人还是被裁掉了。在这个过程中，所有人都白白付出了额外的劳动，结局却没有任何改变。

就像电影《唐伯虎点秋香》里，唐伯虎为了混进华府，卖身葬父博取同情。没想到遇见一个卷王，卖身葬全家。唐伯虎为了更惨一点儿，直接打断自己一条胳膊。结果对方更狠，直接自己爆头，原地去世。虽然唐伯虎最后还是进了华府，但在这个过程中，他白白断了一条胳膊，对方白白丢了一条命，这就是内卷。所以说内卷任何时候都不是竞争，也不配叫竞争，只是无意义的厮杀。

有人说，"人生像张饼，内卷是宿命"。不过我不同意，避免内卷有三条路：

第一，共谋。比如，前些年某些城市出租车停运，抵制某线上打车软件；餐饮商家下线，抵制某线上团购软件。但这种共谋特别脆弱，不堪一击，毕竟我们都是普通人，非合作博弈中，理性的个体都会选择主动背叛。

第二，远离。这是普通人唯一可以掌控的事，既然没法改变，那就走人，远离这种无意义的内耗。比如，20世纪八九十年代，人人都拼了命地找铁饭碗，在体制内疯狂内卷，但有的人就是选择离开，选择放弃铁饭碗下海经商。十几年以后呢，他们的孩子依然有能力继续远离。剩下的人只能精神远离，不争不抢知足常乐，就是所谓"佛系"。其实只要你真的能说服自己，这也不失为一种智慧。

第三，扩张，把蛋糕做大。为什么秦始皇和汉武帝被称为千古一帝？因为他们都是把蛋糕做大、功在千秋的人。这些年我们国家为什么要顶着西方的压力，推广"一带一路"、搞人民币国际化、搞产能输出，就是用经济的对外合作来解决内卷问题。就是为了有一天我们可以发自内心地说："张华考上了北京大学，李萍进了中等技术学校，我在百货公司当售货员，我们都有光明的前途。"

富人思维

　　什么是富人思维？到底是富人思维让人变富，还是富了之后才有的富人思维？这是个先有鸡还是先有蛋的问题。我们一般说的富人思维，准确地说，是"令人变富的思维"。那么究竟存不存在变富思维？存在。但所有告诉你具备了某种思维就一定能变富的，都是骗子。变富思维不是变富的充分条件，也不是变富的必要条件，它只能提高你变富的概率。

　　典型的穷人思维就是，把一切解决问题的方案都默认成充分条件，把变富思维当成变富公式。下面这三点变富思维，虽然不能保证你从此逆袭，但一定能让你更接近财富。

一、立刻行动

穷人永远处在准备做某事的状态，富人永远处在正在做某事的状态。穷人是手里有多少资源，才敢做多大的事。富人把目标和资源之间的关系翻了过来，脑子里先确定要做的事，再开始考虑如何筹措所需的资源。没人可以请，没钱可以借，不懂可以外包，规则可以变通，敌人可以言和，对手可以收买，永远在问题中解决问题。穷人总觉得积累还不够，时机还不成熟，但人生不是做菜，不能等所有材料都准备好了才下锅。不出意外的话，穷人等待的时机永远不会成熟，机会永远不会到来。因为等你把一切都看得清清楚楚，机会早就被那些摸着石头过河的人瓜分干净了。一个赚钱的方法，所有人都知道以后就赚不到钱了。真正的机会永远只存在未知中，往往都出现在你没有完全准备好的时候。敢于摸着石头过河的人，要么水性好，要么胆子大。想有所突破，认知不够，胆魄来凑，追求财富的路上本来就是"一将功成万骨枯"。

二、避免决策疲劳

普通人每天需要决策的事很多，比如中午吃什么，晚上吃什么，明天穿什么，周末去哪儿玩，经济学有个概念叫决策疲劳。短时间内你做的决策越多，就会导致你的决策越来越随意。哪怕仅仅是吃火锅还是吃烧烤这么简单的选择，也会消耗你的决策力。如果你每天的生活都被无关紧要的琐事消耗了太多决策力，面对重大决定的时候就很容易做出错误判断。为什么很多富人都有生活秘书？因为他们不愿意在生活的琐碎上浪费决策力，穷人虽然请不起生活秘书，但起码应该在自己有所成就之前一切从简，乔布斯和扎克伯格在大部分场合几乎都是穿着同样款式的衣服。所以，穷人想要突破现状，第一步就是简化自己的生活，砍掉生活中一切不必要的决策，把你的决策力留给最重要的事情。

三、克服自我保护心理

人都有一种自我保护心理，当某件事显示了自己的无能，就会极度痛苦，为了避免这种痛苦，就会开始搜集一切线索来证明自己其实并没有那么无能。这种保护机制就像一个财富的大过滤器，让一部分人在那些无法改变的事情上踌躇不前，成为穷人。让另一部分人专注那些可以改变的事，脱颖而出成为富人。克服不了这种心理的人，热衷于分享这些故事：比尔·盖茨不会告诉你他母亲是 IBM 董事，巴菲特不会告诉你他八岁就参观了纽交所。看到以前不如自己的朋友有了成就，他们会说，还不是家里给的启动资金和人脉。即使朋友真的是经历九九八十一难白手起家，他们还是会说那是别人运气好。这种想法翻译过来就是，如果我也有他们这样的外部条件，有他们这样的运气一样能成功。同时也是暗示自己，由于我没有这些外部条件，所以我肯定不行。

发现了吗？这种人看似在否定他人肯定自己，其实是不断地在内心深处否定自己的主观能动性，主动把一切结果归因到自己无法改变的客观事实上，亲手把自己关进牢笼，封锁未来的一切可能。他们无论经历多少事都无法成长，无论打多少怪都是零经验，一生都沉浸在自我安慰中，永远无法摆脱一事无成的宿命。从怀才不遇到壮志未酬，最终感慨平平淡淡才是真。

这个世界只有三种人：出世的智者；入世的强者；被贪婪和恐惧来回拉扯的庸者。人生一世，草木一秋，可以追求自由，也可以追求财富，但千万不要用"淡泊名利"来掩盖内心的求而不得。

文明的烟火

17 世纪初，一位欧洲的传教士制造出了一种可以极大节省人力的装置，国王知道后，重赏了传教士，然后命令他再也不许制造这种混账东西。《清史稿》记载，康熙皇帝非常热爱科学，尤其是天文和物理，但他却屡次下令，禁止除了自己以外的任何人接触到这些知识。

他们为什么这么做？他们难道不知道科技能提高效率吗？当然知道，但封建统治者的核心诉求从来都不是效率，而是稳定。一项新技术在提高效率的同时，必然伴随着生产关系和阶层力量的改变，这对于交通基本靠走、没有太多管控手段的封建统治阶层来说，是严重的不可控风险。所以只要还没到"变尚有一线生机，不变则必死无疑"的地步，最理智的做法就是，宁肯错杀三千，绝不放过一个。

毕竟前车之鉴太多了，15世纪末，罗马教廷开始向民众兜售赎罪券，一个人犯了罪，只要购买相应的赎罪券，就可以免罪。为了卖出更多的赎罪券，赚更多的钱，教廷引进了一种来自德国的新产品：印刷机。新技术让教廷赚钱的速度翻了几十倍，然而没过几年，基督教就瓦解了罗马民众的信仰，因为从印刷机里面翻涌而出的除了昂贵的赎罪券，还有免费发放的《圣经》。

直到今天，被我们奉为经典的思想，大部分依旧是两千多年前就存在的。真的是后人不如前人、今人不如古人吗？当然不是，只是在凛冽的严冬里，你的一腔热血喷出来，比一堆牛粪凉得更快，还不如后者有实用价值。

千百年来，中国封建王朝的主线一直是皇权与士大夫之争，欧洲世界的主线一直是王权与教权之争，在大多数时间里，科技和思想都不是最重要的，权力的博弈才是人类社会永恒不变的真相。

从长久来看，这个世界的面貌基本没有变过，人类文明一直都被锁死在了一种"生于忧患，死于安乐，再生于忧患，再死于安乐"的无限循环里。拉美西斯二世和穆罕默德的行军速度是差不多的，几千年了，路还是那么烂，汉武帝和华盛顿治下的国家城镇率是差不多的，都是 20% 左右，只有当生存遭遇到重大危机，文明才会迎来一波短暂的爆发，而危机只要稍稍退去，世界又会迅速变回以前的样子，整个过程就像是在黑暗中点燃了一场烟火，绚烂夺目，转瞬即逝。

为什么在春秋战国时期，孔子、老子、墨子这些横贯古今的"圣贤"，就像约好了似的一个接一个前后脚出生？因为春秋战国就是一场文明的烟火。

在诸侯争霸的背景下，一个国家如果不鼓励新思想，不发展新技术，要不了多久就会被隔壁邻居给干掉。当时的封建统治阶层普遍活在一种朝不保夕的焦虑和恐慌里，对人才"求之若渴"。在当时，只要你能正常交流，有一定的见解或者特长，就可以混个门客当当；如果再有些能力，很有可能会成为贵族老爷的座上宾；要是你真的胸怀大志，腹有良谋，那么合纵连横、逐鹿中原也不是没有可能。总之，一切新思想都受到了充分的尊重，一切新技术都得到了空前的发展，一切可能性都整整齐齐地陈列在了每个人面前。但遗憾的是，这种盛况并没有持续太久，自秦汉一统天下，武帝罢黜百家独尊儒术之后，一切新思想的碰撞就基本停滞了，那些处在历史交接点的人，当时或许还沉浸在一种"天命所归"的荣耀感中，然而，在他们后面，黄金时代刚刚结束，在他们前面，人类的艰难岁月正在徐徐展开。

这一时期，东西方的经历非常相似，儒教把科技视为旁门左道和奇技淫巧，天主教把哲学家和科学家视为异教徒和炼金术士，中国人在漫长的封建统治下笑看王朝更迭，欧洲人在黑暗的中世纪里祈祷诸神常在。唯一不同的是，他们等来了文艺复兴，我们等来了鸦片战争。文艺复兴让欧洲人第一次不用祈求神的施舍就可以完成自我救赎，而鸦片战争让我们挣脱了身上古老陈旧的枷锁，破茧成蝶。

如果你问一个人，什么是文明？他大概率会说，是善良，是正义。但什么是善良，什么是正义？我有8个苹果，你有2个，我主动分你1个，这就叫善良；我主动分你3个，这就叫正义。但如果我丧心病狂，抢走了你仅有的2个苹果，这就叫作恶。一旦事情发展到这一步，就必然会产生内耗，